建筑幸福学

杨振昆 著

U0307351

云南出版集团

云南人民出版社

图书在版编目（CIP）数据

建筑幸福学 / 杨振昆著. -- 昆明：云南人民出版
社，2017.8
ISBN 978-7-222-12804-0

Ⅰ．①建… Ⅱ．①杨… Ⅲ．①建筑学—研究 Ⅳ.
①TU-0

中国版本图书馆CIP数据核字（2015）第023305号

责任编辑： 刘　焰
装帧设计： 孙晓丹
责任校对： 陈春梅
责任印制： 洪中丽

JIANZHU XINGFU XUE
建筑幸福学

杨振昆　著

出版　　云南出版集团　云南人民出版社
发行　　云南人民出版社
社址　　昆明市环城西路609号
邮编　　650034
网址　　www.ynpph.com.cn
E-mail　ynrms@sina.com
开本　　787mm×1092mm　1/16
印张　　15
字数　　180千
版次　　2017年8月第1版第1次印刷
印刷　　中国石化集团滇黔桂石油勘探局昆明印刷厂
书号　　ISBN 978-7-222-12804-0
定价　　38.00元

如需购买图书、反馈意见，请与我社联系

总编室：0871-64109126　发行部：0871-64108507　审校部：0871-64164626　印制部：0871-64191534

云南人民出版社微信公众号

序　一

浙江城市建筑集团董事长　林韵强

建筑幸福学是一个开拓性的课题。在我的视线范围内，还没有一部这样的书。但在我的意识深处，却是一个长期思考的问题。我从事建筑近20年，常常想我们在国内外完成了上百个项目，在几十年，甚至上百年后，人们会怎样评价它。

作为建筑施工的行业，通常是按图施工，没有更多的回旋余地。当我们使一幢幢凝结着心血和汗水的不同功能的建筑物矗立在大地上时，除了兴奋和喜悦之外，我会扪心自问，虽然我们千方百计保证了建筑质量，但被分割了的城市空间、有限的活动环境、稀缺的绿化植物、缺少文化的硬件拼图，究竟会给人们带来什么样的心理感受……

因此，我感到把建筑与幸福联起来思考是十分必要的。什么样的建筑能给人以幸福，什么样的建筑能给人以美感，什么样的建筑能作为一种历史文化的载体，什么样的建筑能够成为一种凝固的音乐，什么样的建筑能体现开发商和建筑者的道德感。我想到幸福在房地产和建筑领域的实现，除了硬件方面，建构消费者的宜居房屋外，还应该考虑软件方面怎么样实现一个"以人为本、和谐相生"的整体氛围。

幸福感是愉悦感、满足感和价值感的统一。建筑企业要给消费者以幸福感，无疑要从这些方面去努力。虽然这是一个系统工程，但只要从政府选项、设计方和开发商共同把关、建筑方保证质量，就可以使建筑成为幸福的建筑。

建筑行业，有一个价值观的问题。我们以"筑百年城建、创世纪品牌"为集团的核心价值观，就是要在企业的一切行为中，把品牌的塑造当成企业的生命，像爱护眼球一样爱护企业的品牌，不能容许任何有损品牌的行为存在；就是要防止和摒弃一切短期行为，使每一个项目都经得起历史的检验，成为品牌的丰碑；就是要让企业和每一位员工的行为都能产生好的社会影响，在历史的进程中留下鲜明的印迹，用一个个坚实的脚印走向未来。

在"筑百年城建、创世纪品牌"的核心价值观指导下，我们追求的境界就是"凝固音乐、见证历史"；我们的企业精神就是"永不满足、建造精品、领先行业、立足世界"；我们的使命就是"建设人们美好生活，建铸城市恒久价值"；我们的发展战略就会真正做到"以确保质量求生存，以确保安全求信誉，以控制成本求效益，以品牌塑造求发展"；我们就会承担"回报社会、造福人类"的社会责任；我们就会有"只有员工的成功才有企业的成功，企业的未来是全体员工共同的未来"的共识，同心同德去争取更灿烂的未来。

我们的实践使我们在建筑与幸福的关系上有了较深的体验，但对建筑幸福的探讨要从理论上建立一个有说服力的体系，成为各相关方的共识，成为社会的共识，这应该说是一个极其重要的工作，这是一个开创性的工作，也是一个艰巨的任务。习近平主席提出的"中国梦"就是要实现"民族振兴、国家富强、社会和谐、人民幸福"的目标，我就倍感"为幸福建造"的宗旨的重要性。为了实现这个宗旨必须从理论上和实践上做进一步的探讨。

云南大学杨振昆教授是我尊敬的专家，更重要的是杨教授在几年前为我们企业做过企业文化系统构建，对我们企业的理念和实践有深入的了解。他在企业文化建设中特别强调，优秀的企业一定是能对社会做出贡献，并且给员工和客户带来幸福感的企业。他对于幸福有长时间的研究，有丰硕的成果；对建筑行业的发展有深入的思考和亲身的体验。这两者的结合，一定会产生关于建筑幸福两者结合的有说服力的著作。他说正在写一本《建筑幸福学》的著作，我对这部书充满期待。

我相信杨教授能够写好这本书的原因，不仅仅是因为他是中文系的教授，先后出版近二十本书，有极强的写作能力和洞察力，而且也是因为他是一位成功的企业家。他曾经在香港上市公司任董事长，也曾经出任过多家房地产公司的顾问。他有很多荣誉称号，诸如 "中国十大传媒策划专家""中国杰出广告人""推动中国户外广告发展的功勋人物""中国民营科技企业家"。并且他在云南大学也是一位优秀的教授，他曾经获得学校颁发的"教育功勋奖"。这些经历足以使他以丰富的社会经验和对行业的洞察体验写好这本书。

这部书稿交到我的手上时，我觉得眼前一亮，感到这本书的分量。其中的许多内容都是我们长期的实践需要总结的经验。这本书无疑是一部开创性的著作。作者从建筑的技术、质量，开发商和建筑商的道德，房屋建筑给消费者的审美感觉、文化内涵和心理体验方面就建筑和幸福的关系进行了全面的阐述。可以说建构了一个"建筑幸福学"的完整体系。

"建筑幸福学"把我们的感觉和实践提升到一个理性的高度。建筑幸福的自觉和认知，会引领建筑业从同质化、西方化、浮华化以及实用主义、唯利是图、短期效应的误区中走出来；建筑幸福的自觉和认知，会导致政府和社会对城市公共建筑与房地产规划的审批和监管更具科学化；建筑幸福的自觉和认知，会使建造者和使用者更加和谐；建筑幸福的自觉和认知是建筑人性化的必须，是实现人民幸福的保证。

本书无疑对于房地产开发和建筑行业具有开拓价值和指导意义的。相信这本书不仅能够对这一研究领域起到抛砖引玉的作用，而且对建筑幸福的实现提供有针对性的实操方法。

谢谢杨教授在古稀之年从董事长的职位上退下来，仍然笔耕不辍，相信他的努力一定会得到社会各方面的认可。

序 二

中国企业家思想研究会主席　佳达利房地产集团董事长　李留存

我经营房地产二十来年，尝过了其中的酸甜苦辣、艰辛困苦，也享受过成功的喜悦。当我从开始为盈利搞地产转变到以"为幸福建造"为宗旨的时候，常常在思考什么样的房屋建筑才能实现幸福的目标。

我想到幸福在房地产和建筑领域的实现，除了硬件方面建构消费者的宜居房屋外，还应该考虑软件方面怎么样实现一个"以人为本、和谐相生"的环境氛围。因此，我提出了在交房、客户入住以后，建构幸福社区、和谐社区的设想。

这是一项开创性的工作，也是一个艰巨的任务。习近平主席提出的"中国梦"就是要实现"民族振兴、国家富强、社会和谐、人民幸福"的目标，我就倍感"为幸福建造"的宗旨的重要性。为了实现这个宗旨必须从理论上和实践上做进一步的探讨。

云南大学杨振昆教授是我多年的挚友，他对于幸福有长时间的研究，我曾经支持他出版了关于幸福的第一本著作《幸福营造》。随后他又出版了《学会选择、学会放弃》《女人幸福学》《女人幸福锦囊》等多部专著。我认为幸福的传播要靠大家共同的努力。我曾在自己开发的小区开设幸福课堂。我请了杨教授和于丹为我们企业员工和客户讲.幸福课程。他的课受到了大家一致的赞誉和欢迎。正因为我对幸福的追求，我把正在开发的社区叫作"别样幸福城"。力图给客户和社会有不同于一般房地产的幸福感受。

杨教授在全国许多单位和高校讲过多个关于幸福的课程。但建筑幸福学却是一个从没有人进入的研究领域，其难度可以想象。

但是他认为正是没有人进入，研究才更有价值。他知难而上，终于完成了这样一部有分量的著作。

我相信杨教授能够写好这本书的原因，不仅仅是因为他是中文系的教授，先后出版近二十本书，有极强的写作能力和洞察力，而且也因为他是一位成功的企业家。他曾经在香港上市公司任董事长，也曾经出任过多家房地产公司的顾问。由于他十七年"下海"的经历，被评为"中国十大传媒策划专家""中国杰出广告人""推动中国户外广告发展的功勋人物""中国民营科技优秀企业家"。这些经历足以使他以丰富的社会经验和对行业的洞察力及人生体验写好这本书。

我作为中国企业家思想研究会的主席，也力图在房地产行业里提供可以借鉴的理论和实践。这本书无疑是一部开创性的著作，作者从建筑的技术质量保证，开发商和建筑商的道德，房屋建筑给消费者的审美感觉、文化表述和心理感受方面就建筑和幸福的关系进行了全面的阐述。可以说建构了一个"建筑幸福学"的完整体系。或许在写作中还有一些不尽如人意的地方，但是对于房地产开发和建筑行业应该是有开拓价值和指导意义的。对于消费者也是有极大价值的，他们可以从中对比分析购房的意向和体会考察居住、参观建筑的幸福感。相信这本书不仅能够对这一研究领域起到抛砖引玉的作用，而且对建筑幸福的实现提供有针对性的实操方法。

杨教授身兼学者、教授、作家、企业家、广告人等多重身份，这使他有宏阔的视野和广博的知识。相信这本书也像他其他有关幸福学的书一样，会收到很好的效果，产生广泛的影响。相信他的努力一定会得到社会各方面的认可。

·目录

·引　言

　　幸福成了一个热门的词。人们甚至嘲笑CCTV在街头采访，问人："你幸福吗？"对方回答："我姓曾。"书店里也充斥着关于幸福的书，但当把幸福和建筑联系起来，却显得十分新鲜。

　　对幸福的认识，虽然不同的人有不同的说法。概括起来有这样几点共识：

　　幸福是一种心理感受，是快乐感、满足感和价值感的统一；

　　幸福是一种生活状态，是快乐和意义的结合；

　　幸福是需要努力经营创造的，而有目标的奋斗过程，会感受到幸福和快乐。

　　幸福和建筑的联系似乎简单而又复杂。

　　说简单是因为房子是人们的重度生活必需品，有房子不仅满足了生活的需要，而且是人生价值感的显现，会滋生幸福感。

　　但拥有住房并不等于拥有幸福。这里排除了住房者的生活和心理状况，仅就住房而言，给人的感受并不一定就是幸福。我看到老人住进儿子买的别墅，却每次为购买生活必需品跑很多的路而痛苦；我看到搬进高楼的人家做梦都在想念那虽然破旧却拥有充足的阳光和活动场地的老宅。

　　说复杂是因为房子除了满足家居功能外，还会涉及审美、文化、道德、心理及建筑环境、技术、结构等许多层面。人们似乎感到城市病了。钢筋水泥的森林、同质化的火柴盒一样的大楼、被遮挡了的阳光、狭窄的活动空间、缺少的绿地环境，都给人们喘不过气来的压抑感。

房地产开发商为了使房子能热销，也会在房子的建筑结构、环境绿化方面下功夫，但很少有人对建筑与幸福的关系进行思考，更不要说深入探讨建筑幸福学了。不管怎样，建造给人以幸福感的房子一定会是时代必然的趋势；有建筑幸福学的指导，房地产的开发和销售必然会更加人性化。以建筑幸福学为指导的房地产商必定会脱颖而出，成为时代效仿的榜样。

我选择了这一课题，在进入许多资料和调查研究中，建筑幸福学的结构逐渐明朗了。形成了现在的结构：建筑的技术支撑、建筑的道德表征、建筑的心理需求、建筑的审美视觉、建筑的文化诉说。

这五个方面应该包括了建筑与幸福的各方面的联系。这不是一本建筑知识的书，而是一本创造性的书。它是从人文的角度，从伦理学、心理学、美学、文化学等方面对建筑和幸福的关系的探讨。他不仅为人们解答了建筑给予人幸福感的秘密，而且对于建筑商、房地产商也是一种不可多得的指导。

第一章
建筑的技术主导

建筑技术对一个时代的整体建筑风格影响深刻，任何一段建筑历史都脱离不了技术的痕迹，在技术主导下完成的建筑也是人类对生活质量本身的心理诉求。

第一节　建筑的历史演进

早在公元前 1 世纪，在著名的罗马工程师马可·维特鲁威所著的《建筑十书》中，就已经建立起了建筑学的一套完善理论与体系。主张在建造房屋时应考虑的基本要素，即"实用、坚固、美观"，这三条法则也成为日后建筑理论框架的基本支撑。要想实现建筑物实用、坚固的功能要求，理所当然，就应该以理性的物质条件做基础，而建筑技术则是实现此物质条件的重要手段。

建筑作为时代的镜子，从古到今、从东方到西方，为普通而平常的人提供了普通而平常的住所，为人们满足心理情感提供空间场所。人需要的标准、功能的标准、情感的标准统统都与牢固的建筑联系在一起。试想一下，如果我们栖息的居所都得不到安全保障的话，何以谈及更高的精神与情感要求。因此，生于技术发达时代的我们，居住在有技术支撑、安全系数高的房屋下，不仅提供给我们享受生活的空间场所，而且一座座牢不可摧的梦之建筑也是诗意栖居的家园，也才会是人们理想的幸福家园。

建筑，自从这一物质形式存在之日起，便无法脱离建筑技术的框架。正如建筑大师密斯·凡德罗所言："只要撇开浪漫主义的观念，我们就能看到古希腊人在建筑上的创造和古罗马人用砖和混凝土所进行的营造，以及中世纪教堂的营造，都是工程技术的大胆成果。毫无疑问，最初的几座哥特式建筑，在它们的罗马风式样的同类建筑中，必定好像是一些不速之客。"建筑技术对一个时代的整体建筑风格影响深刻，任何一段建筑历史都脱离不了技术的痕迹，在技术主导下完成的建筑也是人类对生活质量本身的心理诉求。

在远古时代，生产力水平低下，人类在无法战胜自然的限制条件下，开始有限地模仿自然、崇拜自然，逐渐形成"筑巢为居"的地上巢居生活和"凿洞穴居"的地下穴居生活，看似原初的居住模式也是在学习了飞禽走兽的寄居方式下发挥创造的。在新石器时代的浙江余姚河姆渡文化遗址中，已发现有运用简单支撑柱做支撑的半穴居屋顶式房型，到后来屋顶与墙体出现明显的划分，都是随着生产技术的提高对房屋的理性改造。而到了青铜时代，随着青铜技术、夯土技术等一系列生产技术的提高，房屋的构造水平也开始脱离"茅茨土阶"状态。简单的住屋形式已经不能满足统治者的精神需求，为彰显权利与富贵，装饰华丽的宫殿也是在技术可行性的条件下诉说着统治者的权威与形象。

总体来说，无论哪个历史朝代，建筑的结构与构造、形制、用材、尺度等技术问题都是构建房屋时必须要考虑的因素，从最早的《周礼·考工记》到《木经》，再到宋代的《营造法式》、明代的《营造正式》、清代的《工部工程做法则例》，形成了一套完善的营造"法式""做法"等。由此可见，建筑技术是形成牢固建筑的基本支撑，技术是掌控世界上所有劳工的一种技能，这样，人类的空闲时间和力量将大幅度地增加，运用先进技术创造出更多的财富，故而世界上的人们会更加幸福了。造型艺术的存活也依赖于技术手段，只有经过理性设计与构造的建筑才能实现科学的建筑。最终，人类将创造幸福指数更高的时代。

第二节　建筑技术理念

一、建筑技术的定义

建筑技术是对建筑结构、材料、施工等一系列物质条件的应用，也是满足建筑的功能性与装饰性的物质手段。建筑技术是实现建筑牢固、安全、性价比高等高质量建筑的基石。它是随着社会的发展、生产力水平的提高、新材料手段的运用而不断改进的。建筑技术必须以符合自然规律为前提条件，这也是实现建筑技术的基本要求。比如建筑结构要满足建筑强度、稳固等力学要求；材料的运用应尊重其自然属性，诸如耐用、防腐蚀、不易老化等特性。同时，建筑技术的目的应服务于人类，服务于社会，为人类的生产生活提供便利与安全。发挥调和人与天地自然的关系，让人类诗意地栖居、幸福地生活、健康地发展。最后，建筑技术本身也包含美学法则，在理性创作的基础上糅合浪漫主义色彩，与人类的精神需求产生共鸣，并影响着人类的情感。

二、建筑技术理念的演进

（一）原始时期

在原始人类学会使用新的建筑材料和建筑技术，脱离了简单的巢居和穴居的生存模式后，逐步开始定居，有了村落的雏形，这时候，人们的审美需求伴随而生，建筑也由单纯的物质形态向物质与精神形态并存的方向转变。如春秋战国时期盛行的高台建筑，在夯土技术和青铜技术成熟的物质条件下，诸侯国的统治者为了政治、军事上的需要，为了贪图享乐、表现皇权的至高无上，借助于高大的土台，建造起层层叠叠的宫殿、楼阁。但是，这一时期的建筑形式单一呆板，审美情趣原始蒙昧，总体上呈现出原始朴素的建筑技术思想。

（二）前工业时期

从古埃及、古希腊、古罗马时期一直延续到工业革命之前这段时期即为前工业时期。此阶段建筑技术的发展始终处于较低水平。在西欧，哥特式教堂成为中世纪的典范，穹顶、拱券、飞扶壁等一整套布局有序、构思统一、结构完整的集合模式产生了窄而高、纵向深远、直入云霄的空间感，这与当时中世纪宣扬的君权神授不无关系，通过拱券传力给里面的技术手段是为了歌颂上帝的至高无上和神权主义。此时，通过技术手段的处理来实现隐藏在物质形态后的精神内涵，技术服务于当时的神权至上，由中世纪人们的信仰所支配。

（三）工业时期

从 1769 年瓦特发明蒸汽机标志工业革命的开始，到 20 世纪 60 年代计算机的发展历程与信息技术运用阶段为止为工业革命时期。这时期工业对建筑技术的影响是巨大的，工业就像自然的力量一样强大。越来越多的天然材料，如砖石、木材，被新式工业材料所取代，如水泥、石灰、型钢、玻璃、绝缘材料等，由于大批量集成生产出的新材料大大减少了成本，越来越多的建筑样式呈现出统一的形态与模样，此时新材料成为时代的宠儿，积极主张利用新材料、新结构等新型技术手段。并主张创造新式风格，协调功能与经济适用的统一，摆脱神权束缚，注重建筑形式与人性及发展科技美学。

现代主义建筑在技术理念上坚持适用主义，遵循技术与艺术、功能、形式的和谐统一。此时，由于建筑材料的大批量生产使得为大众建造出不仅呵护适用功能要求，而且满足人们审美需求的建筑成为可能。所以说，工业革命为建造满足人类更高精神要求的房屋创造了技术条件。

（四）后工业化时期

20 世纪 60 年代前后称为后工业化时期。后现代主义造了现代主义的反，由于现代主义宣扬的技术至上造成"能源危机"和"环境污染"，人们开始反思工业技术带给整个社会的破坏，开始重新审视、思考建筑的意义。哲学上的多元化发展也带动了建筑创作的多元化取向。当技术取得划时代发展并在构建建筑时技术的运用达到巅峰时期时，人们对一座座机器式的建筑产生了排斥和恐惧。于是，人们对自身情感方面的需求日趋重视。因此，后现代主义表现为注意精神文化，向传统学习，对技术采取一种消极的态度。如结构注意表现出的技术悲观主义倾向，各种"颓废式"的破碎形体、错乱无序的空间，以及凌乱的墙面、地面，都可以看到这种"废墟般"的印迹。

（五）信息化时期

20 世纪 60 年代以后的这段时期为信息化时期，特别是 80 年代以后，信息技术的强力支撑对建筑的影响更为巨大，计算机技术广泛地应用到建筑结构、构造技术方面。同时，数字技术的推动，对构造符合当代高技术要求的建筑创造了有利条件。同时，多元化的建筑设计理念应运而生。生态技术的运用，可持续发展建筑观，改变着人们的价值观念，将技术融入设计理念和人的审美需求中去，绿色生态建筑成为时代的主题。

综上所述，技术进步是建筑发展的原动力，是达到建筑实用稳固的主要手段。勒·柯布西耶说过建筑是时代的镜子，那么，镜子里所反映的时代则主要是由建筑技术条件决定的。同时，每一次技术变革的新建筑都让我们由衷地叹为观止。在此基础上，精神的需求也会跟随技术的步伐前进。新的建筑营造方式、营造手段和审美情趣并发前进。

三、建筑技术在功能与实用上的体现

自然创造生物，而人类创造艺术。建筑作为一门科学性的艺术，是在人类的理性认识与浪漫主义基础上创作出的。人类造物的最初目的也是为满足基本生活的需要制造出服务于生活的生产生活工具。人类创造建筑的出发点也是建立在服务自身的基础上，建筑也因服务于各自的功用而实现了自身的价值，成为完整的、有感觉的建筑。

任何实用主义方面的需要都作为有序的东西形成一个和谐的

空间整体。追溯到石器时代、青铜时代以及封建时代，祖先们在制作技术及施工技术上的每一次革命，都体现着实用主义的价值取向。如果我们住在不宜于居住的房子里是不幸的，在任何没有功能性与实用性的房间中活动都是令人窒息的，因为它们败坏着我们的健康与心态。我们的感官作用于心理，在这种不协调因素的干扰之下，我们将难以进入一个快乐的境界。

建筑只有在完成它的实在性及有用性——功能主义与实用主义——需求的情况下，才能触动我们最原始的本能，人们才会在感受力认知的景况下提升着审美品位。建筑技术是构建安全、牢固、实用建筑的必要条件，在平面、立面、三维空间中都有体现。

(一) 平面的合理规划

平面体现在建筑上就是秩序与规划，如果失去了原初的规划就会产生混乱或无序，在任何交通流线混乱、肆意的居所中都会产生心理的烦乱。我们每天穿行的道路如果失去了早期规划与布局，整个城市将被堵塞的悲惨恐慌。

现在的大城市生活，堆积起密密麻麻的房屋、道路，它们错综复杂地交织在一起，我们游走在狭窄而拥堵的道路上，感受着噪声、灰尘及油烟，闷得喘不过气。显然，这种密度大、杂乱的布局不利于人类的生活，同时，环境也受到毒害，到处是混乱和污染。因此，在建筑设计中，平面规划是设计的基础，没有平面规划就没有秩序、韵律、尺度与协调，空间也得不到宣泄与活跃。有序布局是一种可以觉察的美感，对平面的构思与设想要符合实际需要，并需要优秀法则的支配。在某种程度上说，平面影响整个结构，设计法则是个方程，如对称（北京故宫紫禁城整体建筑）、均衡与对比（底比斯神庙）。

我们行走在室外，望着处处街道、房屋，或者是一个村落，心灵会与视野之内的景象产生冲击，如果这些建筑物是经过精心规划而有序地组合在一起，那么它们将形成更为协调的氛围、更为清晰的韵律。与任意无序、七零八落的堆放相比，其体块所呈现出的空间关系更为融合、比例更为正确。此时，眼睛会把这种互相协调的感觉传递给大脑，情感被有序的组织氛围打动，心灵也会得到满足。正如密斯·凡德罗所说："幸福的人造就了建筑，而建筑又造就了幸福的人。"

（二）立面对空间的规限

"建筑是为所有人服务的一种艺术"，作为一门科学的造型艺术，我们对它的注意力会首先落在建筑物的立面所呈现出来的形状及表态。通过对空间的分隔与围合，形成了满足人类居住的场所，而对空间在立面上的营造如实墙、隔扇、柱子等，它们作为忠实功能的表达，形成了围合建筑物的组合物。

在北宋著名匠师喻皓所著的《木经》艺术上，就有"从屋有三分，自梁以上为上分，地以上为中分，阶为下分"之说，这里的上分、中分、下分分别指屋顶、墙身和台基。这三个主要立面部分，都是在功能需求下演变而成的，中国人也许是经历了一场特大的水淹教训之后，解决的办法就是把房屋上升到地面，而且这还不够，为了安全起见，最好就是升高到一个比四周地面更高一些的台基上，愈高当然也就愈安全。屋身除围合形成私密空间外，也是满足防风、防寒、防野兽入侵的需要；屋顶是在河姆渡文化时期的半穴居住屋形式中出现的，坡形屋顶也是满足防雨雪、防日晒等需求下产生的。这三分是中国住屋形式的整体外在表现，中国的匠人们历来都重视立面上的平衡、比例、对比、韵律等，特别讲究权衡，这也是由于功能和构造的法则产生的构图法则。建筑进入"标准化"和"模数化"之后，三分的大小就在技术上来加以规定了。《营造法式》上规定的是"立基之制其高与材五倍，如东西广者又加五分至十分"。

由于中国在很早就解决了木构造不足以营造建筑物的难题，因此，纵观中国古代建筑史，就是一部木构造营建技术的历史。卯榫技术与穿斗技术的充分发挥使立面构图产生了"三维"的立体面。人虽然是居住在房屋中的人，但围合的空间也需要自然的灵气，使得人与自然、建筑融为一体，与大自然的"大美无形"交流，这些在中国古建筑的立面布局上尤为突出，形成内院、院中有院的空间格局。

雕刻技术在立面的装饰上也得到了生动发挥，雕刻精美的格栅门、阑额、雀替、牛腿、斗拱等，都显现出精美的形状和肌理，所有的雕刻装饰都在诉说着自然与人文。这些都是建立在以满足人类物质与精神需要的前提下产生的构图理念，通过对空间的围合与营造，在私密的空间里体味"虽实尤虚"的"内院"生活，欣赏这一幅幅精美的建筑雕刻艺术品，体验匠师们在理性创作下的浪漫之情。此时，任何为之所动的人都会明白"建筑为之动人"的道理。

实墙不需要承重与封闭，立面处理灵活多变，可以通透、可以障眼、可以借景等等。就像沙尔安在他的《早期中国艺术史》中说："木头的柱子升起在支撑它们的台基上，这些台基通常都达到相当的高度，好像高大的树木生长在支撑土墩及石山上。出檐很深的曲线的屋顶使人想起摇曳的柳枝，如果有任何的实墙，它们差不多都在宽阔的屋檐、前廊、门窗、隔扇以及栏杆所产生的阴影变换中消失。"这也是中国劳动人民的智慧结晶，是几千年来经历无数深思熟虑而得出的审美意识。

（三）结构构成——"三维"空间

"三维"空间结构本来就是建筑结构的一个基本构成观念。在结构的道路上，有两条路可以走，一条是框架式结构，另一条就是承重墙式结构。框架结构在中国可以追溯到封建社会早期卯榫技术与穿斗结构的出现与运用上，而西方建筑采用框架结构比中国迟得多，主要得益于工业革命对新技术与新材料的运用，西方很快就后来居上，发展成为高度的现代建筑技术。李约瑟这样说："在法国某些建筑物中安装巨大的铸铁屋架只不过恰好在革命之前的时候，而真正划时代的建筑物是查理斯·贝治在1797年于斯尔斯堡完成的一座五层的、至今仍然保存完好的亚麻工场。铸铁的梁由铸铁的柱子来支撑，构成了第一座铁框架的建筑物。横向的稳定仍然有赖于厚厚的外墙，在添加证明支撑使三维的铁构架能独立之前，它存在了40年。"铸铁、锻铁和钢在建筑上的运用，是技术进步作用下的结果，新式材料的运用建立起人们心目中理想的建筑，这种发展的结果使建筑物的外墙差不多可以全部以透明的玻璃片来代替，不再重复墙体封闭的模式，使空间更为通透明亮。这种框架结构不仅保持整个构架的稳定，而可以调节内部空间的大小、布局，提供给内部居住的人更多对空间规划的自主性与选择性。

无论何种形式的建筑，在历史发展的过程中都是首先应用天然的材料，随着生产力和科学技术的进步发展之后，开始逐渐加人或者代以人工的材料。人工的建筑材料就是为补救天然的建筑材料在性能上的不足以满足构造上的要求才创造出来的。比如说中国屋顶常用的瓦，因为"茅茨"并不是理想的建筑材料，不能很好地防水防火，屋面之所以发展得很大并越来越重要，主要是因为通过对大屋顶的营建形成一把"保护伞"，以求得在屋顶之下的人和物得到一种避免水火侵扰的保障。砖最早的时候也是作为一种保护层而产生的，用于地面、台基、墙壁等易于磨损的地方。木材虽然在性能上用作构架很合适，但是抵受不了水火之侵蚀，于是就产生了"铸铜为柱、黄金涂之"的解决办法，同时，油漆在木材制作上的运用，也是一种保护木材的形式。建筑空间的构成，要基于合理的空间规划，平面的布局与立面的构建以及建筑材料的选择和标准，都是构成满足人类功能需求的"三维"空间的必要条件并按照严密的组织层次而建立。

（四）安全牢固——建筑内在的活动脉搏

对于这座伟大的城市，生活在其中的个体，每次任凭我们摇动脚下的巨大骨架也不过是岿然不动地给予一种引起敬畏的回应。无论是晌午还是午夜，在城市的地平线上，耸立着座座牢不可摧的建筑物，它们毫无差错地被印上人类的希望、欢喜和憧憬，这些情感在这个伟大的构筑物活动的脉搏中跳动着。在大楼下面，呼吸着夜色带来的情感信息，每一座建筑物都是自然中的成长物，绵延向前，直到远方，与人产生沟通。恰把天、地、人契合为一个整体，无论在建筑里，还是在建筑外，都成为联系人与自然的更密切关系的工具。调和着我们的心理、生理节律。因而，安全、牢固的建筑，也是提供给我们傲视星空、俯视大地的梦场所。

传统意义上的结构是坚固的、不可移动的。因此，很多结构设计师都在努力表达、强调及赞美稳定性。在实际生活中，建筑结构对安全牢固的需求从来都没有停止过，也正是这种需求，我们人类才在自己构筑的安全居所中度过了千万年安详、平和、幸福的时光。

四、建筑技术对建筑师的要求

广义地讲，技术在建筑上的体现，主要是通过对物质因素（材料、结构、设备等）的运用上。同时，也包含构成方法（理论学说、设计方法、美学思想等）对建筑思想的表达。而建筑师作为建筑的设计者，不仅要掌握各种科学技术，同时要具备一种艺术品质。

建筑师所从事的行业是一种美好的艺术，当人们从事一种关乎艺术的职业时，就应该对公众承担某些义务，这关乎质量，建筑师应在保证房屋质量安全的前提下发挥创作，运用当代的科学技术创作出既健康又牢固，既新颖又实用，既平衡又快乐的建筑。而且，在当今时代，环境方面敏感地选址、材料和形式比过去都更为必要。建筑师对整个社会负有主要的责任——这是他们作品中必须考虑的信息。建筑师是艺术工作者，同时也是美化师、工艺师，优秀的建筑师不仅要具备美学品质，更要懂得工艺技术，所有的建筑作品都是在建筑师理性思想上的浪漫创作。一位优秀的建筑师应具备但不止局限于以下几种基本素质。

（一）尊重自然与时代

建筑和自然一样，首先要真实，然后尽量做到让人喜欢。建筑必须具备真实的形式，否则任何与背景格格不入的建筑都会让我们产生不安，任何不符合自身的装饰都是一种伪装，失去了充满活力的意义，也缺乏真正心灵方面的价值。一座建筑物看上去应该是从其所在地中自然生成的，如果那里的自然风光很抢眼，但建筑物没有机会被设计成如自然般安静、充实和有机的话，那就应该被设计得与其周边的环境相协调和谐。生活在大草原上的人们，欣赏着草原独特、静谧的美，他们使用坡度较缓的坡屋顶、较低的比例、安静的空中轮廓线、较矮的粗烟囱——蒙古包，这种建筑形式与自然配合得天衣无缝，更彰显了大草原的静谧与纯洁。这种建筑样式的简洁方便也适应着他们作为游牧民族搬迁流动的需要。

建筑作为时代的镜子，是不同时代下的物质文化形态的表现。作为建筑师，必须要充分了解所处时代的特征，并有永远记录下时代下所在群体生活中最为宝贵的东西，创作有社会价值与历史价值的建筑。但是，在当今社会，科学成果伴随着新的社会力量和资源不可阻挡地前行，人们为了增强智慧而牺牲了心灵的慰藉，为了发展心智和物质忽视了情感——用钢筋铁骨折磨着每一个角

落，忽视了建筑作为抚慰人们心灵栖息地的能力，

（二）工艺与艺术兼备

一位优秀的建筑师能够分清美好的艺术与朴实无华的工艺之间的区别。建筑所包含的诗意的核心应是建筑师艺术创作下的作用，艺术家工作中所遇到的各种限制确实是一种折磨，有时似乎无法克服，但是没有这些限制的话，就没法诞生艺术。艺术是事物科学框架下的有机心灵，而工艺是实现有机心灵的方式与途径。如果建筑师没有艺术细胞，则只能称之为工程师或建造师。但同时，建筑师不懂工艺技术的话，只能称之为评论家。因此，工艺与艺术是建筑师必备的素质。

对于建筑物来说，所有的建筑结构都牢牢地站在其基础之上，这是确保建筑可实用的基础条件。

（三）创新性

在这无常、野心横行、商业性强求的时代，大批雷同的建筑在陈规旧习中闷得喘不过气来，因为艺术的商业化导致高贵创新标准的丧失。因此，建筑师要保持清醒的头脑，不要随波逐流，将感觉、思维和灵魂都深深根植于古老和新式的崇高之中，去创造有个性的作品。越来越多的建筑在建筑商投机主义的催生下，在毫无意味的模仿下变得廉价，被人嘲笑，失去了质量和特点，成为毫无生机的形式。有个性的房子更容易增值而不是变旧，创新不是追随流行趋势，建筑师自身的想象力与创造力，可以供他应用自己所有的、自然提供的艺术灵感，并保持心灵的真诚，不要变得虚伪或者是缺乏理性。在敏锐、不断变化混合的和谐与节奏中，将建筑的每个细节都设计得非常可爱并具有表现性。

创新不等于另类，更不等于异形，创新是一种真实而又富于创意有趣的风格。赫德（Herder）临终前曾呼喊："给

我一个伟大的想法，我可以借助它恢复活力。"这就是具有"建筑师"灵魂的人物。

（四）理性创作与浪漫情怀

基于建筑是门科学的艺术，要创作科学的艺术，必须运用理性的头脑。因此，建筑师作为创作的主体，必须通过专业素养使一些形式有序化、秩序化，这些秩序不仅建立在精神性的创作上，而且建立在实际的物质技术手段与构造可行性方案的基础上。建筑师必须通过深入的分析研究，建立各建筑元素之间的协调。他们知道造得坚固的方法、采暖的方法、通风的方法、照明的方法，这些都可以通过专业技术手段得以解决。

建筑师应该使人们感受到：建筑会摧毁一切低俗、虚假和虚荣的东西，它抚慰人们紧张的神经和劳累的心灵，将昨天、今天、明天的高贵理想和更好的目标给予人们。我们的日常生活中充斥了各式各样的虚假情意和忙乱焦虑，搞得人神经紧张、总想躲避。建筑就成了人们找到自己的私有空间的必要居所。当我们可以透过干净明亮的窗花欣赏到渐渐到来的夜色，当我们可以透过朦胧的窗帘欣赏到射进室内的一缕午后的阳光，当我们可以欣赏木地板因日久打磨而生成的高雅光泽时，我们紧张的心灵就会放松下来，接近一种真实而又优美的精神状态，内心得以释放，感受到一种回家的幸福感。优秀的建筑师，都有一种真诚而活泼的浪漫情怀，能帮助我们怀想起真真正正的自我。

五、技术指导的三原则

住宅是工具，就像建筑大师勒柯布西耶所说：住宅是住人的机器。赖特也在《建筑之梦》一书中阐述："高耸入云的现代建筑就是纯粹的、简单的机器。"更深入地说，建筑是一种可以提供庇护、接收自然物（如空气、阳光、水）并供人们休闲娱乐的空间机器。同时，这也是建筑技术的基本出发点与构建原则。

原则一：庇护所。建筑是人们躲避风雨和冷热，避免外界灾害的场所。

人之所以为人，动物之所以为动物，最大的区别在于会制造工具和使用工具。回归这个人性的世界里，我们需要的除了物质，更需要的是精神食粮。在这个物质高度发达的社会里，很多人迷失了自己的方向，在这个成长的过程当中找不到那个真正的自己，太多的奢华和浮躁让我们偏离了那条原本属于自己的路。

当你在不停地奔波和劳作一天的时候，拖着疲惫的身体，回到那个属于自己的家，那才是心灵最好的寄托和安慰。这也就是我们在这个城市的避风港，俗称的"庇护所"。从古至今的庇护所从石屋、茅舍、木屋到如今的钢筋混凝土楼房，它们都具有同样的特性：防止风雨、冷热以及外界的灾害。虽然，在我们每个人心中对庇护所的期待，都有着不同的寄托和展望。

原则二：接收器。建筑是人们吸收空气、阳光和水的接收器。

建筑作为我们生活的必需品，作为城市的一部分，作为这个地球的一部分。它是我们生存和生活的空间，在这个空间里我们一样的需要空气、需要阳光和需要水。所以这个空间在成为庇护所的同时也具有吸收大自然给予的养分的功能。

原则三：生活间。建筑是人们生活、休闲、工作、娱乐的场所。

居所作为每个人生存和生活的空间之一，同样也是我们每个人生活、休闲、工作、娱乐为一体的综合空间。因为一天24小时之中，在这个空间当中的时间远远大于在室外时间。因此，它是我们的必要空间和必备空间。无家可归、四处漂泊的生活是我们每个生存在这个世界上的人不愿意去体验的生活。

第三节　绿色建筑

什么是绿色建筑？这个问题对大多数人来说，是个很陌生的概念。对于我们现在所居住的环境有何改变，能给我们带来哪些不同的感想和舒适感，我们购房置业的时候应该怎么样去辨别和判断呢？带着这些问题，我们一起去寻找和发现。

发展是人类社会永恒的主题。但面对世界范围内人口剧增、土地严重沙漠化、自然灾害频发、温室效应、淡水资源日渐枯竭等人类生存危机，人类不得不明白"我们只有一个地球"。为此，1992年联合国环境与发展大会制定并通过了《全球21世纪议程》，为全球范围推进可持续发展战略提供了行动纲领。"可持续发展"作为21世纪的主题，揭开了人类文明发展的新篇章，带来了人类社会各领域、各层次的深刻变革。"建筑"作为一个古老的行业实现可持续发展，必须走"绿色建筑"之路。绿色建筑与自然和谐共生，将实现经济与人口、资源、环境的协调发展。

随着科技的日新月异，房屋的建造技术也层出不穷，使我们对"实惠"两个字的理解也有所不同。拿着大把大把钞票买来的却是噪音大、污染严重、环境卫生差、维修成本高、故障多的房屋，这是我们不想要的。但一个好的楼盘告诉我们，住得舒心才是我们最想要的。鞋合不合脚只有脚知道，房子住的舒不舒服只有住过、亲身体会后你才明白。但时间告诉我们，我们没有那么多的时间去感受，而只能靠着感觉去置购。这种感觉好与不好需要的是我们对事物的了解。下面我们就开始去寻求我们心中的那个绿色建筑。

一、建筑与环境和谐相融：解决建筑与地貌、植被、水土、风向、日照与气候的关系

一座美丽的城市，宜居的楼盘，它们在整体环境规划中，首先做到的是建筑与环境和谐相融，解决建筑与地貌、植被、水土、风向、日照与气候的关系。然而在楼盘的开发建设前期除了对商业的收益的分析外，最重要的都集中在：生态环境、健康安全性、地质、古迹等方面，避开水源保护区和有土壤、空气、电磁等污染的综合评价。其次才是在单体建筑设计中通过构造、技术手段创造出更为舒适的室内环境，减少能耗，减少排放。

二、绿色建筑的设计方式：规划设计力求尊重自然和人文的要求

（一）被动式生态建筑结构理念

被动式生态建筑结构理念通过热供环境、空气质量与光环境的设计而使建筑自身，在非设备或者设备使用率最低的情况下，建筑达到生态环保系统的最优化。

（二）室内热环境的改善

室内热环境的改善，主要通过控制空气温度、室内物体表面温度、相对湿度以及空气流动速度来实现。这不仅需要采用现代构造技术与材料，精心推敲细部构造设计，达到高标准的住宅外围护结构保温隔热性能；同时需采用高性能门窗，特别是高性能玻璃产品实现高效的制冷系统。

（三）充足的新鲜空气原本是住宅最基本的要求

充足的新鲜空气原本是住宅最基本的要求，并不是什么高舒适度指标，但由于城市环境与人们生活方式的变化。导致住宅通风成为居住生活舒适度的标准之一。如何满足健康的新风换气量，过滤风沙尘埃并减少风感是住宅通风设计要解决的问题。

（四）噪声隔绝

对于噪声的隔绝，需要针对不同噪声特点，采用多种技术构造来创造舒适的声环境。如通过采用高质量融声墙体系统，提高门窗的玻璃隔声性能和气密性，或通过建筑构造上设置绝缘层的方法来解决噪音问题等。

（五）改善光环境

光环境的改善，随着居住水平的提高，人们对人工照明光环境的舒适性、个性化、艺术品位及安全、节能等要求也日益突出。影响光环境的因素不仅是照明强度，还包括日光比例、采光方向、光源显色性、色温以及避免色眩光等。

（六）环境新动态

室内舒适环境研究的新动态，在全球范围内，住宅产品生态节能有两大发展趋势，一是调动一切技术构造手段，达到低能耗、减少污染并可持续发展的目标；二是在深入研究室内热供环境（光、声、热、气流等）和人体工程学的基础上（人体对环境生理、心理的反应），创造健康舒适而高效的居住环境。

三、绿色建筑与高新技术的结合

（一）绿色建筑的设计和施工当中运用各种的高新技术

先对近年常应用到的技术做一个简单的罗列：

（1）建筑外围护结构的节能设计。

（2）外墙保温结构。

（3）混凝土楼板辐射制冷采暖系统。

（4）双层架空地面。

（5）热桥阻断技术。

（6）高效门窗系统及高性能玻璃的选用与构造技术。

（7）智能呼吸式双层、高效节能的幕墙系统。

（8）太阳辐射的控制与改善。

（9）外遮阳设施与内遮阳设施。

（10）绿色屋面技术系统。

（11）自然通风与采光的利用。

（12）可再生绿色能源的利用。

（13）高舒适度、低能耗的空调通风系统。

（14）住宅生态通风技术与"房屋呼吸"概念。

（15）提供高舒适度的其他技术。

（16）卫生间后排水成套技术。

（17）中水循环及雨水回收再生利用系统。

（18）智能楼宇自控系统。

（二）规划设计力求尊重自然人文

房产开发之中，规划设计尤为重要，一个好的规划设计不但要保护用地现状及其周围的自然环境，还需尽可能地保持和利用原有地形，将开挖面积和植被破坏减至最低。以做到新建小区的保护和尊重人文环境与优良的小区空间机理、空间尺度。

规划建设的过程当中，有效地控制地下水开采量，雨水的收集利用，径流及排放管理，控制硬质的透水铺装面积；注意建筑整体布局、朝向形成较好的日照、风环境等的影响，改善住宅区小气候，减少热岛现象，这就是作为城市宜居的基本条件。在寻求宜居的年代里，我们看房不单单看的是我们的那几十个平方米，而是我们居住及居住的更大区位环境。

近年，很多地区对地下水的不重视，过度开采，造成很多的安全隐患问题，比如上海闵行区"莲花河畔景苑"—在建十三层住宅楼倒塌、广州道路地面地陷等等，都是因为地下水的过度开采所致。因而尊重地理就显得尤为重要，我们要学会爱护大自然、尊重大自然，然后才能够去享受大自然。

人类的建筑从最初的遮风避雨、抵御恶劣自然环境的掩蔽所到今天四季如春的智能化建筑，人们在营造"百年大计"，享受现代文明的同时，也带来了人类与自然的隔离及建筑活动对环境的影响与破坏。于是，学者们提出"绿色建筑"的概念，归纳起来主要为以下两点：

（1）建筑物的自然环境：要有洁净的空气、水源与土壤，不致受到不良自然环境的危害，也不易遭受自然灾害的侵袭。

（2）建筑物的资源利用：要有效地使用水、能源、材料和其他资源，也就是说，要使能源和资源的利用达到最高程度、消耗降低至最低程度。建筑物的围护结构——外墙、窗户、门与屋顶，应采用高效保温隔热构造；充分利用太阳能；良好的自然采光系统；气密性良好，又有良好的通风系统，特点是保证夏季有充分的自然通风条件。

随着科技的发展和技术的更新在资源的利用上，已有了地源热泵系统、地板辐射采暖、同层排水技术、雨污水回收系统、中水回收系统、"太阳能"节能灯具、断桥铝合金双层中空玻璃、新风系统、24小时热水供应等节能技术节能的方式的采用，现代建筑已经进入了节能时期。比如，德国的弗劳恩霍夫太阳能研究所设计的太阳能住宅，是一所迄今最为先进的太阳能建筑。该建筑采用了北极熊的仿生技术：一是外墙、紧靠阳台的胸墙以及通风口全部使用真空绝缘大玻璃，绝缘效果是普通材料同等厚度的10倍。二是内墙、楼层板和地面都是透气的，与室内空气形成对流，做到冬暖夏凉。三是房顶以太阳能光板铺就。四是在一、二层的隔断之间安装一个"冷冻的蓄电池"，可自动调节室温。五是通风系统24小时不间断地向室内输送新鲜空气，几乎不浪费任何热源。夏天，带有回收装置的通风设备还可以抽走室内的热气，以保持室内的恒温。美国建筑师米歇尔·考夫曼设计，占地232平方米的名宅"聪明屋"。"聪明屋"的卫生间瓷砖由回收的酒瓶制作，木地板选用经久耐用的竹子制造，花园由收集在1135升水桶里的雨水喷灌。此外，露台由回收塑料制作，屋顶就是太阳能板。"聪明屋"只消耗传统住宅不到一半的能量和1/3的水。厨房台面和水槽由燃煤的副产品——粉煤灰制成。浴池的水被引入厕所用来冲马桶。更妙的是，儿童卧室中有一辆自行车，孩子如果想玩电子游戏就必须先骑车30分钟给电池充电。

绿色建筑施工的七点要求：

（1）建筑物的施工建设：在施工中应尽量减少噪音，注意粉尘的排放、运输的遗撒，建筑垃圾要合理处理等。

（2）建筑物的材料选择：尽可能选用可重复使用的材料，并积极利用工农业废弃物料；室内装修，应选择无环境污染的油漆、地毯、胶合板、涂料及胶粘剂等。

（3）建筑物的废物排放：减少建筑物的污染排放；生活用水可实行分类多次重复使用；粪便可实行脱水灭菌处理，生产农家肥料，或发酵综合利用。

（4）建筑物的周边环境：尽量保持和开辟绿地，在建筑物周围种植树木，以改善景观，保持生态平衡，并取得防风、遮阳等效果。

（5）建筑物的人文景观：积极保护建筑物附近有价值的古代文化或建筑遗址。

（6）建筑物的费用选择：建筑造价与运行管理费用经济合理。使用合适的先进技术，使建筑运行费用较低，使建筑造价得到节约。

（7）建筑物的拆除回收：回收并重复使用资源，从旧有建筑中拆除的建筑材料，如砖石、钢材、木料、板材和玻璃等，尽可能保护好，根据不同情况，力求回收利用。总之，"绿色建筑"归纳起来就是"资源有效利用的建筑（Resource Efficient Buildings）"。有人把它归纳为具备"4R"的建筑，即"Reduce"，减少建筑材料、各种资源和不可再生能源的使用；"Renewable"，利用可再生能源和材料；"Recycle"，利用回收材料，设置废弃物回收系统；"Reuse"，在结构条件允许的条件下重新使用旧材料。因此，绿色建筑是资源和能源有效利用、保护环境、亲近自然、舒适、健康、安全的建筑。

综上所述，绿色建筑就是在建筑的寿命周期内，利用科学技术手段，最大限度地节约资源（节约能源、能量，节约用地，节约用水、节约建材），为人们提供健康、使用和高效使用空间的前提下，可持续发展且减少各种污染，能与自然和谐共生的建筑。

（三）建筑成本了解

建筑师以一定室内舒适标准为前提，在我国建造不同程度的生态节能住宅成本也有所区别。我们根据实际操作经验将生态节能建筑成本划分为低、中、高三种梯度模式。

低度模式：住宅节能达到国家规范标准，采用外墙保温，隔热措施，每平方米造价增加 100 元左右。

中度模式：节能标准与舒适度介于低度与高度之间，依据不同的自然区域会有区别，根据我们在全国二、三级城市初步探索成果，每平方米造价增加 400 ~ 500 元。

高度模式：住宅实现高舒适度低能耗的标准，采用辐射式采暖制冷，量换式新风，高效保温外墙体系，外遮阳系统等达到欧洲节能标准。高层住宅每平方米造价增加 800 元左右；别墅由于需要独立的系统和具有较多的外墙、外窗面积，达到相应的舒适节能标准，每平方米造价增加 1500 元左右。

四、国内外的发展现状

21 世纪，是人类由"黑色文明"过渡到"绿色文明"的新时期，在尊重传统建筑的基础上，提倡与自然共生的绿色建筑将成为 21 世纪建筑的主题。大家围绕这一主题，积极探索，在某些地区及某些方面已向"绿色建筑"这一目标迈进。出现许多良好的势头。

1. 全社会的环保意识在不断增强，营造绿色建筑、健康住宅正成为越来越多的开发商、建筑师追求的目标。人们已不仅注重单体建筑的质量，也关注小区的环境；不但注重结构安全，也关注室内空气的质量，不但注重材料的坚固耐久和低廉，也关注材料消耗对环境和能源的影响。同时，用户的自我保护意识也在增强。今天，人们除了对于煤气、电器、房屋结构方面可能出现的隐患日益重视外，对一些慢性危害人体健康的东西的认识也在加强。人们已经意识到"绿色"和我们息息相关，由于居室空气污染导致的法律纠纷屡屡见诸报端。

2. "绿色建材"的开发应用。传统建材工业是国民经济非常重要的基础性产业，是天然资源消耗最高、对生态环境破坏最大、污染大气最为严重的行业之一。随着对环境认识的不断提高，人们开始重视新的建筑材料的研究，寻求既能满足材料性能的要求，又不破坏环境，而且还能改造环境的"可持续发展"材料。1988年，国际材料科学研讨会上首次提出了"绿色材料"的概念。随后，各国纷纷制定了"绿色建材"的性能标准，提出"绿色高性能混凝土"(Green High Performance Concrete，简称GHPC)的新概念，并致力于新材料的开发。绿色混凝土愈来愈受到工程界的青睐，人们正向着这一目标迈进，经过不懈的努力，高性能混凝土(High Performance Concrete，简称HPC)已经面世，并取得了骄人的成绩。日本新建的世界最长的悬索桥——明石跨海大桥，总长3910米，中跨为1990米，在两个锚墩中使用了40万立方米HPC，其预期使用寿命100年。连接英法两国之间的跨海隧道其HPC要求使用寿命为200年。法国最近又成功研制出超高性能混凝土(Ultra High Performance Concrete，简称RPC)，其中的一种活性细粒混凝土(ReactivePowderConerete 简称 RPC)，其强度可达到 800MPa。利用超高性能，采用新的结构和构件制成的型材，甚至可以代替某些金属材料。在加拿大舍布洛克镇修建了一座有名的步行桥。该镇处于严寒、高湿地区，最低气温达 −40℃，使用了 RPC—200 钢管混凝土桁桥架，混凝土强度达 200MPa。另外，环保型、健康型的壁纸、涂料、地毯、复合地板、管道纤维强化石膏板、乳胶漆等建材也已开始应用，塑料金属复合管正在取代镀锌管。

3. 与绿色建筑有关的标准、规范的颁布。我国已出台或即将出台的与绿色建筑有关的标准、规范包括：JGJ26—95《民用建筑节能设计标准》、GBJ121—88《建筑隔声评价标准》、JBJ11—82《住宅隔声标准》、50189—93《旅游旅馆建筑热供与空气调节节能设计标准》、DBJ−T01238—98《外墙外保温施工技术规程》、50189—93《天然石材产品放射防护分类标准》、《北京市绿家装工程验收规范（试行）》等，这些标准正成为建筑施工必须遵守的行为准则。随着新技术的不出现，还将不断出现新的标准，以更新旧的标准。

4. 国家及各级地方政府制定了一系列的政策与法规，为绿色建筑的实施提供了保证。建设部、国家经贸委、质量技术监督局、国家建材局联合发布了《关于在住宅建设中淘汰落后产品的通知》（建住房〔1999〕295 号）（简称《通知》）。《通知》规定，从 2000 年 6 月 1 日起，在新建住宅中，淘汰砂模铸铁排水管，推广应用硬聚乙烯(UPVC)塑料排水管和符合《排水用柔性接口铸铁管及管件》(GB−T12772—1999)的柔性接口机制铸铁排水管。禁止使用冷镀锌钢管，推广使用铝塑复合管、交联聚乙烯管等。同时还规定各直辖市、沿海地区的大中城市和人均占有耕地面积不足 530 平方米的大中城市的新建住宅，应逐渐限时禁止使用实心黏土砖，积极推广采用新型建筑结构体系及与之相配套的新型墙体材料。在建筑施工方面，根据新修订的《中华人民共和国大气污染防治法》有关规定，国家环保总局、建设部于 2001 年 6 月 7 日联合发出《关于有效防治城市扬尘污染的通知》，一方面要求各级行政主管部门对施工扬尘和其他扬尘污染防治进行监督管理；另一方面明确要求防止建筑、拆迁和市政等施工单位现场的扬尘污染。采取综合措施，积极实施"黄土不露天"工程。有许多企业通过了 ISO14001 环境管理标准。

5. 从 1992 年起，我国先后在北京、河北、辽宁、甘肃、宁夏等地开展了 8 个城市的建筑节能试点工程和试点小区建设。1999 年先后组织了 20 个试点工程与试点小区，一些地区也开展了不同类型的建筑节能试点，带动了节能建筑的建设。在我国的农村，建设了一批生态农业园，如张家港生态农村建设，是清华大学建筑系的教授们，针对张家港地区的地貌特点，充分利用当地的水资源、土地资源、气候条件、阳光、空气等自然条件，建成农田种植、水产养殖、畜牧养殖、庭院种植、房屋种植等融为一体的生态农宅区，使生产、生活融为一个有机的整体，连生活中的垃圾和动物的粪便都用来发酵，所产的沼气用来发电、烧饭等，沉积物用作农家肥。这样节约了能源、减少了垃圾的排出，保护了环境。

6. 发达国家在 20 世纪 90 年代组织起来探索实现可持续发展之路，名为"绿色建筑挑战"（Green Building Challenge）。美国匹斯堡 CCI（Conservation ConsultantsInc.）中心和卡耐基梅龙大学智人办公室是美国著名的绿色建筑，也是可持续发展设计的典型，现成为展览节约能源和资源、可回收利用能源和相关技术之所。2000 年悉尼奥运会是绿色环保奥运会，保护生态可持续发展是上届奥运会的主体。绿色环保思想渗透在方方面面，如：比赛场馆路灯的电力是由太阳能转化而来，体育场利用两个天然气发电机同时供电，功率各为 500kW，发电机产生的有害气体比传统上利用干线输电的方法减少了 40%；在跳水和游泳比赛的场馆里，空调系统只为观众供冷，而不达及游泳池，这就意味着在运动中心的观众席面积降温和给游泳池加热过程中减少了能量耗。以运动村为代表的节能型建筑也提供了广泛应用太阳能技术新范例。运动村的动力能源包括照明、供热均来自屋顶安装的太阳能光板，而在新闻中心，太阳能转换装置还能通过屋顶通风起到空调作用。澳大利亚是世界上太阳能最高转换纪录的持有者，转换率达 2415%；建筑材料尽可能多地使用可回收材料，如新闻中心房间分割材料就是木框加上稻草和纸板，奥运会后，这些建筑材料还能再被利用。回顾近年"绿色建筑"的发展历程可以看到，绿色意识从无到有，从弱到强，绿色建筑从默默无闻到成为时尚，从理想到现实，发展迅速，成绩显著。但也应看到，在这个过程中也存在许多不足和遗憾，我们只有不懈的努力，"绿色世界"才可能实现。

五、技术案例介绍

案例一：Model home 2020 项目——生命之家

生命之家(Home of life) 项目是一个跨学科工程，它将能耗、舒适度、视觉美感等各项参数进行了统筹考虑，使它们相互协调促进，从而实现了家居生活质量和住宅周围环境的价值最大化。

（一）能源方面

建筑总体能耗控制在最小水平，能量由建筑本身提供的可再生性碳中和能源负担。投入使用 30 年以后，该建筑生产的剩余能量累计总额将与所有建造材料所含能量相等。开窗位置是该项目能量设计中考虑的一个关键因素，确保了能源技术和建筑外观的完美结合，窗户的设置数量和位置确保了采光、通风和热能

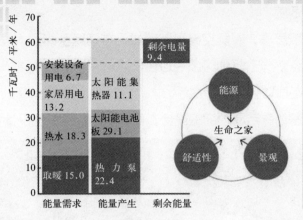

建筑能耗

吸收达到最佳状态。该建筑的开窗面积相当于楼层取暖面积的40%。整座建筑的屋顶窗均具有极高的保温隔热性能，采用三层玻璃结构，确保了很低的 u 值指标，将热量损失降低到最低程度。

（二）美　学

这个示范建筑的外观设计是对未来家居"能源机器"型住宅概念的一个完美诠释，它实现了建筑与环境、自然与室内生活之间的良性互动。建筑立面可以活动，用户可以根据季节变化和不同需求进行必要改变。所有房间至少有两个方向设置了窗户，既可以引入自然光，又可调节室内气候环境。

生命之家

舒适度

在取暖季，新鲜空气可以通过机械通风系统引入室内；在非取暖季，新鲜空气则可以通过自然通风系统引入室内。每个房间的温度均可以独立调节控制。

居室功能与屋顶窗的设计，可以看几个卧室的设计：

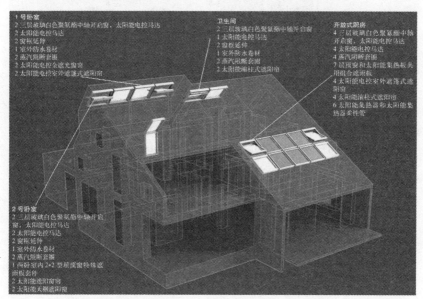

居室功能与屋顶窗的设计

1号卧室

这个房间在北向较高位置安装了两个威卢克斯屋顶窗，稍低的位置是一组斜加立组合屋顶窗。卧室采光需要方便且具有可调节性，屋顶窗从北侧引入的柔和光线让房间的"阁楼卧室"受益匪浅，让空间明亮、舒适、适用。因为可以利用自然通风（烟囱效应），保持室内气温为最佳且健康舒适。

稍低位置安装的斜加立组合屋顶窗，不仅增加了使用空间，且室内更具通透性，视野更开阔，并加强了内外连接性。屋顶窗内置遮光帘，外部配备了电控防护遮阳罩，避免窗户出现冷凝现象。电控防护遮阳罩利用 io-homecontrol 设备控制在夜间关闭起保温作用，最大限度地降低了能量损失。窗户和遮光窗帘的操作单独由太阳能电池驱动。

2 号卧室

这个卧室可以接受三个不同方向的自然光，即北侧屋顶窗的漫射光线，南侧大窗户的温暖日光，西侧较低位置的直射光，可以让傍晚的阳光深深射入房间内部，形成层次性美感。

3 号开放式厨房

位于一层的厨房餐厅采用开放式一体化设计，南向较高位置安装有上下组合式屋顶窗。宽阔的南侧屋顶为利用太阳能提供了

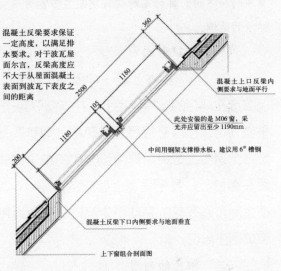

窗的设计

良好的自然条件，在两个屋顶窗之间，安装了 6 个同样规格的威卢克斯太阳能集热器，能够满足建筑整体 65% 的能源需求，包括取暖和热水供应，同时为建筑热泵提供动力，每年产生的电能约为 2000kW 时。

室内安装电力操控的遮阳卷帘，住户可以自由控制光照强度，同时进一步增强了隔热性能。遮光卷帘、防护遮阳卷帘均由 io 设备控制，屋顶窗及这些电控设备，均由独立的太阳能电池驱动。

案例二：欧洲节能示范住宅——SOLTAG

SOLTAG 位于北欧城市哥本哈根，这个地区的地理气候为典型的温带海洋性气候，冬季气温 0℃左右，夏季平均 16℃，除夏季外其他几个季节相对缺少阳光和充足的日照时间，SOITAG 要解决的问题是冬季如何

利用自然能源来解决采暖、夏季如何节能的问题。

　　SOLTAG住宅是城市规划师、建筑师、能源和日光专家合作共同构想设计的整体项目，作为"示范房"的研究课题组成部分，由欧盟能源委员会投资，由研究机构、住宅协会和建筑业的生产商合作完成。SOLTAG在如下7个国家进行了展示：丹麦、荷兰、波兰、匈牙利、西班牙、奥地利和希腊，目的是对现存建筑在节能方面重新设计并提供未来住宅标准的范例。

（一）建筑形式

　　SOLTAG基本上是一种屋顶系统的重新设计方案——它可以置放在现存的多层住宅上，并不需要与原有的能源系统相连接。平屋顶可以作为升级屋顶建筑的"地基"，它对于新建筑来讲，是一个理想的选择。作为城市中的单个家庭住宅，它也可以被放置在露台上，甚至是水上游艇的上面。SOLTAG的预置硬块是在生产车间完善的条件下生产的，它被运输到建筑地点，然后组装成居住单位。

（二）阳光的利用

　　SOLTAG的阳光照射面积是整个地板面积的28%，高于普通住宅的平均值。窗与门的数量、位置被优化。大面积的窗户在提供了更多的日光的同时，对节能也提出了挑战。节能材料的组合运用需要综合考虑玻璃比率等元素，同时也与建筑类型和采光效果相关。

　　阳光穿过靠近山墙的屋顶窗，经由室内墙面的漫反射，弥漫在整个房间内。直射光和反射光一起，穿越开敞的阁楼空间，照亮下面的厨房和餐厅区域，驱散了阁楼投下的阴影。

　　屋顶窗成为屋顶结构整体的一部分。室内的不同界面如玻璃、框架、窗台、墙之间的过渡如此平滑，使日光在室内的变化与传播不会产生眩光和强烈的亮度反差。墙和地板采用浅色调，以尽可能地创造最佳的室内反射效果。

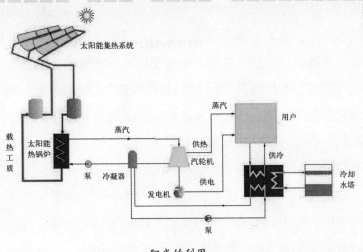

阳光的利用

建筑设计以日光的利用为基本理念之一，进入室内的光线集中在人们活动的不同区域。从黎明到黄昏，整个白天的自然照明均良好，房间中最大的窗户位于南侧，让尽可能多的阳光进入室内。低能耗型的标准化窗户可以让能量进入室内，同时避免热能流失。而北向侧，由于来自太阳的被动式能量受到局限，因此顶窗设计注重采光和保温，采用共同组成，将能量损耗降至最低。

（三）太阳能集热系统

独立的热量供应和维护通过利用太阳能得以实现，它一方面透过窗户来吸收热量，另一方面通过太阳能电池板来为家庭热水、地暖系统以及通风系统提供能源。这一切是与精心选择的材料和窗户位置分不开的。

屋顶上的太阳能电池并没有固定形状，薄膜型太阳能电池与锌板粘在一起，看上去就像是屋顶的一部分。

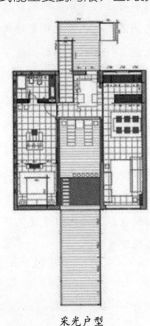

采光户型

房间内的电力是由网络计算仪器表所控制，并与太阳能电池系统联系在一起。当太阳无法提供足够的能量时，这个仪器表就会把电源引入建筑；当它产生过多的能量时，这个仪器表就会反向计量，将能源回输到公共电网中。如果再增加太阳能电池，就能产生足够的热量以满足整个冬天的热泵和通风设备能源需求，这样的超低能耗窗户——由外侧的单层玻璃也可以把每年能源支出降低至零。

SOLTAG是一座有生命的住宅，可以产生能量，也是躲避各种气候的盔甲。作为可持续建筑，在零消耗的前提下，它为居住者提供健康的气候、最佳的日光和实用的照明。

案例三：欧洲节能示范住宅——ATIKA

ATIKA住宅建于西班牙，它所要解决的首要问题是当地气候引起的能源消耗问题。由于西班牙位于欧洲南部，属于地中海气候，特点是冬天温暖、夏天炎热，通风和空调设备是主要的能源消耗点。

在传统的地中海建筑中，建筑师早已通过简单而有效的建筑手法对能源进行合理地利用，利用外墙的厚度与密度来形成保温与隔热；白色的石灰板作为日照最好的反射材料，利用上部悬挑的建筑构件或者窗上的百叶来形成阴影，狭窄的通道和阳台来确保阴影面和空气的流通等效果。ATIKA住宅正是在这种简单而高效的能源处理方法的基础上，加入了最新的技术与材料，旨在将未来的居住理念、绿色建筑设计、可持续发展的城市等设计理论相结合，运用屋顶技术、低能耗策略、全方位的太阳能系统（不仅是取暖，同时包括降温）、楼宇智能化管理体系以及数字化技术来建造一座欧洲最新的节能型住宅试点项目。这个项目由威卢克斯集团发起，通过开展设计竞赛向全球招标，最终威卢克斯集团按照获胜作品西班牙建筑事务所ACXT／IDOM的设计实现了这一样板项目的建造。

可以从以下几方面观察：

（一）建筑造型

ATIKA 位于西班牙南部著名的海港城市毕尔巴鄂，面对大海，建筑的外形隐喻船帆的形态。帆船结构设计精巧，利用了大海、天空、风、空气和太阳等元素作为能源。如同帆可以将风能转化为动能，太阳热量，并将其转化为家用能源。

ATIKA 外形呈现为一个连续的白色"Z"形；内部与传统的地中海建筑一样，居住空间围绕中庭分布，中庭包括遮阳系统、水面和植物，成为整个住宅的气候调节器。

（二）建筑布局

住宅平面是将一个 10 米 ×10 米的空间划分为三部分：两条东西向的矩形空间宽 35 米、长 10 米，分布两边，为居住空间，中间为中庭及入口空间。西边的矩形空间相邻中庭一侧开窗，引入清晨的阳光。房间从南到北依次为：卧室、衣帽间、工作间和盥洗间。卧室上空坡度最大的北边屋顶开有大窗，在夜晚有美妙的星空景色伴人入眠。在工作区可以看到建筑全局。虽然盥洗室在最北面，但其上空南向的坡屋顶使其仍可得到充足的日照和热量。东边的矩形空间同样在中庭侧开窗，引入傍晚的光照，是集合起居、餐厅和厨房功能于一体的敞开空间。起居室在冬天有充足的南向阳光。

屋顶南北坡向。每个空间的屋顶坡度高度均不同，并在坡屋顶开窗。开窗的位置、建筑的面积以及屋顶的坡度，都取决于建筑对日照和通风状

室内布局

况的需求。

（三）采光与通风

在南欧冬季的太阳高度角为 30 度，春秋季为 45 度，夏季为 74 度。在冬季要尽量利用日照带来的热量，而取代仅仅依靠电暖炉取暖。所以在不同的位置设置窗户，以最大限度地收集阳光。而在夏季，则通过设计不同的屋顶坡度，避免强烈的直接日照，在得到舒适而充足的光线的前提下，尽量减少日照热量。春秋季则根据是否需要采集能源还是遮挡而设置开窗或太阳板，并调整恰当的屋顶角度。

ATIKA 住宅的通风系统充分考虑了四季气候的不同。依据空气流动原理，上部的坡屋顶上开南北向的窗作为出气口，下部房间的四面墙均开有窗，选择性地作为入气口。例如在夏季，打开北边的窗，使相对凉爽的风从室内流过。如此通过不同的方位来调节通风的温度与湿度。

室内的屋顶全部为白色涂料板，最大限度反射来自屋顶和窗户的自然光。地板采用比热高的陶瓷面砖，日间可以蓄热，并在夜间释放出米。

（四）建筑智能技术应用

随着计算机局域网和无线技术的发展，家用电器不再属于单一产品，而是成为家用网络进行信息处理。io-homecontrol 是一个私有空间信息化互动系统，采用无线通信技术将盲板、卷帘和百叶窗均由电子控制，根据预先设定的温度、通风率、湿度和其他参数，自动开关。室外设置了雨传感器，如果开始下雨，窗子将自动关闭。通过家用控制产品的自动运行，确保了室内良好的气候以及高能效率。该系统可按以下预设条件进行工作：

1. 阳光热量限制

从早 8：00 至晚 8：00 进行控制，在阳光炙热时关闭卷帘和百叶窗。夏季，保持室内温度不低于18℃且不超出26℃。

2. 自然通风

尽可能增强优先自然通风。该系统由在住宅各个区及室外中央室内温控器通报，当温度超出26℃时，各区窗子打开（条件是室外温度较低）。

3. 夜间冷却

窗户在晚11：00至早6：00全部或者部分打开，进行夜间冷却降温。如果任何房间温度降至18℃以下，则自动关闭。

4. 太阳能温控冷却系统

ATIKA展示了一套基于太阳热能的创新型空调系统，采用以热水为动力的ROTARTICA紧凑型单效应吸收型冷却器，利用太阳热量进行冷却，提高了高效率的工作循环。该系统应用不需要冷却塔，大大节省了建筑的电力消耗。

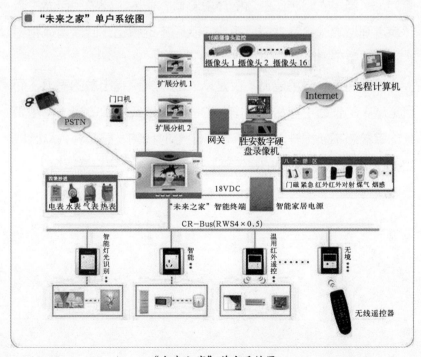

"未来之家"单户系统图

我们从以上的案例来看，其实我们的一切努力是要找到那份原本属于自己正常的生活节奏，属于自己的温馨，属于大自然的气息，享受我们的未来的家居环境。

从绿色建筑上来讲，我们明白了许多，那么在我们购房置业的时候也会有这样的字样在我们的视野里呈现，那就是"生态建筑""低碳建筑"等等。

低碳建筑，是指在建筑材料与设备制造、施工建造和建筑物使用的整个生命周期内，减少化学能源的使用，提高能效，降低二氧化碳排放量。

生态建筑，是根据当地的自然生态环境，运用生态学、建筑技术科学的基本原理和现代科学技术手段等，合理安排并组织建筑与其他相关因素之间的关系，使建筑和环境之间成为一个有机的结合体，同时具有良好的室内气候条件和较强的生物气候调节能力，以满足人们居住生活的环境舒适，使人、建筑与自然生态环境之间形成一个良性循环系统。我们不难看出，低碳建筑和生态建筑都属于绿色建筑的一部分而已。

生态建筑、绿色建筑不仅是从人的现实幸福出发的考虑，而且是从人的长远生存和发展出发的考虑。建筑技术的演进将使人居的幸福感不断提升。因此开发商随着时代的发展必将会从低层次的建筑观走向高层次的建筑观。这个变化将使建筑更适合人居、更具幸福感。

第二章
建筑的道德表征

建筑是使人类免受外界灾害，抵御风、霜、雨、雪的庇护所；建筑是使人类吸收阳光、空气、水的接收器；建筑是人类生活、工作、休闲、娱乐的生活间，能够满足人类的物质生活和精神生活；建筑是集人文、历史、社会学、环境学、美学和心理学于一体的艺术品，是功能与内涵的结合体。因此，能否以人为本建成宜居环境常常是对建筑商、房地产商道德意识的检验。

第一节　建筑道德综述

建筑是使人类免受外界灾害，抵御风、霜、雨、雪的庇护所；建筑是使人类吸收阳光、空气、水的接收器；建筑是人类生活、工作、休闲、娱乐的生活间，能够满足人类的物质生活和精神生活；建筑是集人文、历史、社会学、环境学、美学和心理学于一体的艺术品，是功能与内涵的结合体。

有人说，如果音乐是流动的建筑，那建筑便是凝固的音乐。人类无时无刻不在感受着建筑的美，无声的建筑呈现给人光鲜、灿烂、亮丽的外表，建筑师们将情感注入其中，赋予了建筑美和内涵，把有用的、实际的、功能性的东西转化为美的东西。人类在建筑上打下烙印，使其具有审美和实用的双重价值；不仅满足了人们的物质需求，还提升到精神审美，让建筑原有的价值得以升华。

俗话说，蜘蛛会结网，蜜蜂会筑巢，蚂蚁会掘穴，而且这些蜂房蚁穴的精细程度并不亚于人类最初的茅草房。然而，动物只会日复一日、年复一年地按本能行事；人类则是在主观能动性的驱使下，结合实际情况，因地制宜地建造。所以，马克思说："即使最庸劣的建筑师也比最灵巧的蜜蜂要高明，因为建筑师在着手用蜡来造蜂房以前，就已经在他的头脑中把蜂房构成了。"[①] 也

---

① 转引自朱光潜著《西方美学》（下卷），人民文学出版社 1964 年版，第 688 页。

就是说，人类具有动物所无法比拟的意识和思维。人类在建造房屋的过程中，或者在建筑活动开始之前，就已经预见了建造的结果，并将人类特有的情感注入其中。

《易经·系辞》说："上古穴居而野处，后世圣人易之以宫室，上栋下宇，以待风雨。"人类起初在洞穴里居住，后来具备了改造自然的能力，适应环境，筑墙铺顶，建造出防虫害、挡风雨、避寒暑的室内休闲空间。有富丽堂皇的宫殿，雍容华贵的府邸，延续到今天的现代化高楼大厦，无一不是人类智慧的结晶。

雨果称建筑为"石头的史书"，他在《巴黎圣母院》中说："人类没有任何一种重要的思想不被建筑艺术写在石头上。"俄国作家果戈理说："建筑是历史的年鉴。"当代艺术家简森在《世界美术史》中说："当我们想起任何一种重要的文明的时候，我们有一种习惯，就是用伟大的建筑来代表它。"建筑是一种文化，一部史书，一门艺术，展现出不同时代、不同区域、不同民族、不同阶级的文化和艺术，并赋予其人类的道德、信仰和情感；通过实用价值来表达情感，运用大量的人力、物力和财力来实现其功能。建筑既是物质产品，也是人类精神的结晶，其功能、目的和谐统一，体现出一个时代的物质水平和审美艺术。

一、良好建筑的三个条件：坚固、方便、愉悦

建筑经过时间和风雨的洗礼，诉说人们的情感，展示给人们背后深藏着的文化和道德。建筑承载着人类文明，维系着人身安全，是千万人的活动空间和精神摇篮。墨子说："居必常安，而后求乐。"常安，是对建筑实用性的要求，坚固耐用以保障人类的人身安全；求乐，则是在实用的基础上，加以适度的装饰，以满足人类的审美需求。亨利·沃顿爵士在《建筑学要素》中说，良好的建筑有三个条件：坚固、方便和愉悦，建筑学要以这三个目的的结合为中心。正是这三大核心的汇集，表征着建筑中人类

的道德、伦理和情感。

（一）建筑的科学标准：坚固

建筑首先要牢固、结实，足以承载生命的重量，保障人身安全和财产安全，满足人居长久性的需求。建造的时候与科学标准发生了关系，物理学、静力学、动力学等对设计提出了各种考验。建造的时候，需要考虑到建筑的自然条件、结构、功能等。各构件的承载能力、结构的整体牢固性和耐用性都关乎着建筑的安全和使用寿命。不论是大理石、砖、木、铁，这些材料的性能和构成方式，都是托起整个人类的生命和安全。

（二）建筑的实用标准：方便

建筑的存在是为了满足人们的某种需求，与生活息息相关，因而，建筑是服务于人类的。建筑为人而建，为人的需求而存在，其宗旨当然要方便人类的需求，要与人们的日常生活、政治活动、宗教仪式、社会事业等等相联系。这是与科学标准完全不同的价值标准，应当以建筑物的设计是否满足实际目标的程度来判断一个建筑是否成功。即应当以它们的设计是否以人为本，是否充分考虑到人的生存需求，是否以消费者付出的价值为考量等。

（三）建筑的美学标准：愉悦

人类对美的事物有着共鸣，建筑不是纯粹的美学，是一种实用的艺术，一种成为艺术的冲动。建筑除了满足人们的生存需求外，还需要让人愉悦起来，这是人们对美好生活的向往，对美好事情的追求，对所有善的东西的趋向。但又不是纯粹的审美，与具体的实用基础相结合，主要体现在结构、外形、比例、空间感、风格、色彩和质感等的和谐统一，给人快乐、舒适、满足、适应、明朗、阳光的感觉。

建筑的三大标准涉及各个方面：材料、形式、结构、空间与环境的相互联系。建筑需要有其自身的内在价值，或反映时代精神，如文艺复兴时期的大教堂；或反映社会现象，如中国封建社会的宫殿；或反映风土人文，这主要与建筑所在的环境和气候有关，如中国西北地区的屋顶比南方平，因为降水量少。但在北欧地区，屋顶的倾斜度很大，因为降雪较多，为了防止屋顶被积雪压垮而采取的措施。同时，建筑需要有深层的含义，在完成其功能同时兼备美感的条件下，深层表达让人愉悦之情。中国古代园林设计便是最好的体现，在院门的设计上，有圆形的月门，也有较窄的瓶门，形似花瓶。一方面，暗示此处是否欢迎游客进入；另一方面，蕴藏着深刻的含义，月门带有财富、金钱的含义，而"瓶"和"平"谐音，因此瓶门有平安的含义。现代的建筑更多的则是，在美的体验下，表现出人类的精神风貌、道德风尚，建筑商、地产开发商的行业道德观、价值观、责任感、信誉和良知，具体表现在环境与建筑的比例、容积率和人的生存需求等方面。所以，建筑商在筑造建筑物的时候，尤其要关注人们居住的长久性需求以及建筑物营造出来的居住环境和生态环境，是否紧扣建筑的坚固、方便、愉悦这三大标准，最终达到建筑"不是建造的，而是诞生的"效果。

二、建筑道德表征的可体验性

建筑活动中总是存在着伦理问题，因为建筑环境不同程度地体现了所处时代的伦理价值，反映人们和建筑的关系。建筑活动同时是一种经济活动，在不同的社会群体之间交易，自然而然也涉及行业的道德问题。因此，伦理问题始终是伴随着建筑活动的。建筑的技术和艺术在于满足人类实用和表现的需求，表达人类的思想和情感，其伦理道德附着在建筑身上。

在这个社会转型期，有许多伦理问题反映在建筑活动中，弱势群体的生存质量、建筑环境和可持续发展等问题折射出地产开发商和建筑工程师的伦理道德。比如，唯利是图、牟取暴利是中国建筑行业目前最被世人所诟病。在违法和不违法、道德和不道德之间有许多空隙，而丧失职业道德和伦理的地产开发商便会钻空子，丧失应有的信念和原则，建筑活动违背了"善"的价值取向。因此，城市居住质量下降，居住者没有幸福感、归属感和安全感，甚至导致社会不安定。作为建筑工程的技术员和创造者，开发商和建筑商不仅对社会和环境有责任，而且还对居住者的经济利益负起责任。一方面，从建筑学专业的本位出发，设计一个功能齐全、造型优美、业主满意的建筑是开发商和建筑商的本职工作。另一方面，建筑的质量足以承载业主的生命的同时，更要兼顾好业主的切身利益和长远利益。道德观和价值取向便是最好的表现方式，一个房地产企业的文化和内部环境，充分表征了其建筑的伦理价值。

俗话说，为官有官德，经商有商德，为师有师德，做人有品德，处世有风德。也就是说，不论从事什么行业，做何种工作，都要讲原则，有"品"、有"德"，诚实做人、踏实做事，以诚为本，以信为先，仰不愧于天，俯不作于人。改革开放初期，我国东南沿海的一些小厂商为了牟取暴利，生产假冒伪劣商品，最为严重的是温州地区，时间一长，全国各地的人都知道温州货不可靠。因此，许多商店为了表示自己的信誉，在店门口贴上"本店没有温州货"的字样。这使温州人一下子醒悟了，知道要把生意做大、做好，必须靠诚实经营，用诚信树立商业信誉和企业形象。温州市政府提出了二次创业的战略目标，其核心是"质量和品牌"，本着"质量立市、品牌兴业"的理念。新温州人在生意经里写下了"诚信"二字，用品牌和信誉说话，经过七八年的努力，以优质的产品和良好的信誉在市场上开辟出一条新道路。

经济学家吴敬琏指出，信用危机是阻碍中国经济发展的第二大因素。在新旧制度转换的时代，多数人以"利"字当头，社会出现"道德失范"现象，部分人丧失了道德伦理或者是道德观严重扭曲。道德在经济的猛烈冲击下发生了变化，部分人丧失了做人的基本道德，结果导致整个社会的秩序混乱，人们的生活陷入一片黑暗。在中国人的生活中接二连三地发生一幕幕触目惊心的事件，食品问题层出不穷：从奶粉里，认识了三聚氰胺；从大米里，认识了石蜡；从咸鸭蛋里，认识了苏丹红；从火腿肠里，认识了瘦肉精；从火锅里，认识了福尔马林；从银耳、蜜枣里，认识了硫黄；从餐桌上，认识了地沟油。还有更惊悚的事，全国各地频繁发生楼房倒塌事故，重庆涪陵化工厂垮塌事故造成12人死亡，2人受伤；上海闵行区在建13层住宅楼整体倒塌，1名民工死亡；杭州经适房遭遇"质量门"；北京"楼脆脆"事件火热上演，网友纷纷爆料北京世纪星城、紫金新干线、保利西山林语、莱镇香格里等成为备受诟病的楼盘。

随着市场经济体制的逐步建立，中国经济进入了新一轮的扩张阶段，以改善住、行条件和提高服务性消费为代表的第三次消费结构升级已经开始。房地产商抓住了机遇，成为国民经济的新增长点，为中国经济的快速发展做出巨大的贡献。然而，房地产业的发展是"痛并快乐着"，在一片欣欣向荣的前景中，遭受着社会上巨大的舆论压力。尤其是近年，房地产开发商的负面评价越来越多，一方面是由于人们被"房子"这座大山压得喘不过气来，难免怨声载道。但更多的是，部分房地产开发商没有社会责任感和行业使命感，丧失做人基本的道德和良知，一味地以追求利润为目的。或打着虚假广告吸引消费者购房，或在销售过程中欺诈消费者，或难以保证住房的质量，或没有兑现相关的承诺等等失信于民众。因为房地产开发商的不诚信在先，导致许多负面新闻快速地传播，在老百姓心中留下了不良的印象。不论房地产商怎么费心地炒作，绞尽脑汁地玩出新鲜花样，想博取一些消费者的信任。但是，只要存在欺骗消费者的行为，大众的双眼还是雪亮的，不会轻易被表象所蒙蔽。

美国广告专家莱利莱特曾说过："未来的行销就是品牌的战争——品牌互争长短的竞争。强有力的品牌，有利于楼盘行销。"房地产口碑营销的基石就是诚信与实力，品牌只有在诚信和实力的基础上才能树立起来。要想在消费者心中树立一个长久信任的品牌，开发商得先要树立正确的价值取向，诚信经营，为百年追求而建造，绝对不能再靠"空手套白狼"的炒作方式投机取胜了。否则，很难想象一个不讲诚信的房地产开发商会有良好的口碑、长久的市场。

第二节　诚信：建筑道德的核心

一、诚信是建筑的核心

身不正，不足以服；言不诚，不足以动。诚信，是一个基本的道德规范，是一个民族生存的灵魂，是一个人立足的基础。诚信，是一种品行，一种责任，一种财富。从哲学的层面上说，诚信既是一种世界观，同时也是一种方法论、价值观和道德观。诚信，无论对于个人、组织还是社会，都具有重要的现实意义和指导作用。

诚信是一种社会道德规范和原则，要求人们必须求真务实、言行一致，实事求是地对待每一项工作。诚信不仅仅是个人诚信，而且还包括企业诚信、组织诚信、商业诚信、制度诚信、政府诚信、国家诚信等。无论是个人、组织还是国家，都要严格遵守诚信原则。如果一旦背离了诚信的原则和要求，那么将会失信于民众、失信于天下，所有的制度和规则荡然无存、毫无意义。

诚信是个人与社会、心理与行为的辩证统一体，是道义与功利、目的与手段的统一体。诚信需要我们明辨"是"和"应该"，需要我们坚定信念和认清责任意识。诚信，不仅要内诚于心，还要外信于人。诚信不仅是一种道德目的，更是一种信念，一种道德手段，是人们必须承担的一种社会责任和谋取利润的实现方式。讲求诚信是一种神圣的使命和应尽的义务。如果人们不讲诚信，就无法实现自身的发展和完善，只能获得短暂的利益。

（一）个人：立身之本

诚信，是人际交往中重要的道德品质，是一种个人生活的准则，是立身处世之根本，是事业成功之基石。个人诚信是社会诚信的基础，社会诚信归功到底就是个人诚信。在社会生活中，人们必须具备诚实守信的基本素质，说话算数、信守承诺，践行真诚守信的行为品质，才能适应社会环境，并且实现人生价值。

诚信，是道德教育的重点，是个人良好品质的体现。对于一个房地产开发商而言，诚信不仅是一种伦理道德，更应该是一种生存规则。就中国目前住房供求严重失衡，房价持续上涨的情势来说，房地产商的诚信问题、伦理责任已经遭到广大消费者和媒体的质疑。不讲诚信的开发商将会在市场经济中被清除、被遗弃，因为房地产不仅是经济问题，而且更多地折射出社会问题。住房不仅是一种商品，而且更多地关乎着人类的身心健康和生命安全。如果房地产商丧失了诚信，也就丧失了立足社会的基本条件，终将被社会淘汰。

（二）企业：立业之本

企业的生存和发展应该时刻着眼于未来，满足消费者长远利益的需求。因此，企业的生存和发展要有最基本的理念、核心价值观，信用就是企业立足的基石。信用就是企业的品牌和商标，信誉体现出企业的竞争实力。

在经济学中，越是稀缺的资源就越值钱，而信用正是这种稀缺的资源。诚信是企业无形的资产，有诚信才有未来，特别是对于房地产业。尤其是在信用缺失、欺诈盛行、道德失范的时候，信用显得更为重要。在房地产业中，讲诚信的企业可以利用信誉赚取更多的利润，树立起品牌，赢得广阔的市场。但是不讲诚信、不遵守规则的企业，只能贪图到眼前短暂的利益，难以在行业中长期立足，更别谈品牌、市场和发展。房地产业中的好品牌之所以走到今天，赢得广大的消费者、取得社会的信任、真正走向成熟，完全依靠的是品牌比拼、诚信比拼、综合实力比拼。因此，诚信对于企业来说，是最重要的发展手段、品牌综合竞争实力的标志。同时，也是维系企业健康发展的重要因素，衡量整个社会发展的重要指标。

（三）国家：立国之本

我国是人民民主专政的国家，国家的一切权利属于人民。古代的政治伦理思想一再强调，"民为贵，社稷次之，君为轻"，"得民心者得天下，失民心者失天下"……一个国家或政府取信于民的根本在于真心实意地为人民办事，诚心诚意地为人民谋取利益。司马光在《资治通鉴》中指出："夫信者，人君之大宝也。国保于民，民保于信。非信无以使民，非民无以守国。是故古之王者不欺四海，霸者不欺四邻。善为国者不欺其民，善为家者不欺其亲。不善者反之，欺其邻国，欺其百姓，甚者欺其兄弟，欺其父子。上不信下，下不信上，上下离心，以致于败。"这段话充分说明了一个道理，那就是治理国家需要遵循诚信原则，拥有经久不衰的国运需要具备讲诚信的"国德"。

尤其是在民主政治已经成为一种流行趋势的现代社会里，民主政治下的权力属于人民。国家行使权力实质是为人民服务，权力的合法性来自人民的信任。如果失去民众的信任，那么意味着丧失权力合法性的依据。中国共产党始终以建设高度的民主政治和社会主义民主政治为己任，建成美丽中国、和谐社会需要高度的诚信。朱镕基总理在 2002 年 3 月 9 日九届全国人大五次会议上的工作报告说："切实加强社会信用建设，逐步在全国社会形成'诚信为本，操守为重'的良好风尚，使有不良行为记录者付出代价，名誉扫地，甚至绳之以法。"胡锦涛在 2005 年 2 月 19 日中共中央举办的省部级主要领导干部提高建构社会主义和谐社会能力专题研讨班的开班式上说："我们所要建设的社会主义和谐社会，应该是民主法治、公平正义、诚信友爱、充满活力、安定有序、人与自然和谐相处的社会。"

二、房地产开发商的诚信问题分析

（一）建筑伦理的三大误区

建筑是一门讲"理"的学科，必须讲物理、生理、心理和伦理。讲伦理是建筑理性层面上的最后一道底线，不容任意突破。[1] 芬兰建筑大师阿尔瓦·阿尔托说："只有当人（使用者）处于中心地位时，真正的建筑才能存在。"也就是说，建筑是"人为且为人"的工程，承载着人类的情感和需求，遵循着人类的发展轨道。2000 年意大利威尼斯第七届建筑双年展主题，"城市，少一些美学，多一些伦理"，这句意味深长的话语出自意大利设计师 Massimiliano Fuksas 之口，意在呼吁关注建筑的伦理价值，加强建筑师的职业伦理道德。

建筑伦理有三大误区：

其一，美学至上。或复古，或欧式，或现代，或简约等等形式、外观的攀比风，往往在建造过程中造成了浮夸、粉饰、浪费、

---

①戴秋思、刘春茂：《建筑道德底线的思考——论环境伦理学在建筑类院校的建设》，载《高等建筑教育》2011 年第 20 期。

虚假等现象，带来建筑形式主义，更多地表现出"花瓶建筑"，让人产生审美疲劳。这不由使人想到了日本京都的著名建筑金阁寺的凄美故事。美得夺人心魄的金阁寺被小和尚一把火烧毁了，原因很震撼，就因为受不了金阁寺之美的威力和压迫。建筑审美的确震撼人心，但过分的美感让视觉不堪疲惫，乃至心灵无法承受负荷。

其二，技术至上。过量的高新科技、工厂技术在建筑过程中施展，城市充斥着眼花缭乱的钢筋混凝土，切断了历史文化、真情实感、民族风采、地方特色，把房屋变成"居住的机器"。排除了人类的情感因素和人文精神的建筑，只能算是机器，堪称"痛苦的建筑"。仅仅把建造作为技术手段来思考建筑的本质，将会造成建筑师的伦理责任严重缺失。

其三，功利至上。出于对功利的追求、利润的驱使，屈服于权力的胁迫，房地产开发商、建筑商违背了建筑的宗旨，忘记了建造的原意，甚至违背了职业道德、伦理责任。他们打着各种风格、主义的虚假广告旗帜，吸引消费者，事实上是为了提高经济利益，不考虑是否违背伦理、道德、良心。建筑为了给心灵找到真正的栖息地，为了让身体舒适快意，因此，为栖居而思考、设计、建造才是建筑的本意。所以，建筑不能降格为只是具有美学价值或技术价值，而应该是对我们时代而言，是可取的生活方式的诠释，应表达出某种共同的精神风貌和价值取向。

经济学家哈耶克曾指出："在现代社会中，责任感之所以被削弱，一方面是因为个人责任的范围被过分扩大了，而另一方面则是因为个人对其行动的实际后果却不需负责。"责任的扩大意味着责任范围模糊、相互推诿责任，甚至为自己犯下的错误推脱罪责。在房地产业中责任范围一旦模糊，就会出现责任失效，开发商、建筑商、工程师便不想为自己的行为买单。建筑业是关乎生命安全的行业，应该始终坚持尊重、关心、维护公众的生命和健康，充分考虑到人生安全、产品的无公害度和安全性，保障人类的身心健康，从而造福于整个人类社会。

商业道德最重要的是讲信誉、守承诺，作为地产开发商向客户提供产品，首先就是要遵守合约，给客户提供满意的房源。之所以有的开发商被称为"黑心暴发户"，是因为其履行合约时未遵守约定，没有兑现承诺。建筑工程师的职业道德规范和地产开发商的责任道德在于恪守安全规范原则，以人类的生命安全为最基本、最重要的道德原则。然而，事实上在地产开发中，往往发生太多的合约纠纷问题，一定程度上是地产开发商经常严重毁约。比如说，因为地产开发商的功利熏心，导致开发的房子出现楼顶漏水、地板开裂、墙壁脱落，甚至出现倒塌的恶劣局面。因为地产开发商的责任推脱，致使"问题楼房"出现的质量隐患得不到解决，公众损害的利益得不到赔偿；因为地产开发商的不诚信，不能兑现售楼前的美好承诺，许多服务项目没有到位。地产开发商惯用的伎俩就是标榜自己只给穷人盖房子，往往装出一副悲天悯人、关心底层的模样，想要以此赢得喝彩和掌声，但如果没有诚信的行为，只会起到相反的效果。

（二）地产开发商存在的诚信问题

在 2011 年 4 月 29 日第四届中国房地产企业主编年会中，重点讨论了房地产企业的道德问题。大家各抒己见谈论了道德对中国房地产业的意义。《仁恒》的主编厉方宏用一句话诠释道德，就是善待土地，用心做好房。很多品牌不是花钱可以买来的，品牌来自对环境的负责，对客户的负责，对企业的负责，对员工的负责。作为开发商，如果不能用心造房的话，是对社会不负责。《中铁置业视野》的执行编委刘岩认为，对于一个企业来讲，道德的落脚点就是企业责任的问题，即对社会的回馈，对城市的创造，对建筑品质的追求，对自然的尊重。

据每年央视3·15晚会的投诉统计中，关于房地产行业的投诉位列前三位，其投诉的重点在于房地产商的不诚信销售。房地产商往往在销售前做出一系列的承诺，但在销售后却很难兑现。最恶劣的是，在全国各地的房地产开发中普遍存在"安全隐患"问题，各地频频发生房屋倒塌事故，上海"莲花河畔景苑"在建楼盘倒塌事件，被认为是"新中国成立以来还未有过的情况"。即便是一些知名品牌开发商也存在建造的房屋质量问题，例如出现使用的甲醛严重超标、劣质毒地板等危害生命健康的安全隐患。

可以说，当前中国房地产市场的一些乱象，一些城市房价居高不下、不正常暴涨，部分原因是地方政府为谋求发展而卖高价地，但更多的与部分不良开发商有着密不可分的因果联系。不可否认的是，大部分房地产开发商是有道德感、责任感和正义感的，但是行业中存在许多鱼龙混杂、以假乱真、以次充好的现象，致使整个房地产陷入困境。

（三）房地产商的不诚信表现

1. 售前隐瞒

房地产开发商善用的手段便是欺诈，喜欢夸大其词，喜欢用夸张的虚假广告吸引消费者的眼球。某些开发商本来不是从事房地产行业，只是做建材等业务，稍微了解房地产方面的知识。而为了丰厚利润，随便注册一家房地产公司，打着国有或合资的旗号掩人耳目。这些不正规的小房地产公司挂靠在大公司名下，大打"品牌战"，上演"空手套白狼"的把戏。建房资金完全靠土地贷款、购房者预付款完成楼盘的开发。更有甚者在楼盘开发过程中资金链断裂，没有雄厚的财力物力扛起开发重任，便选择卷款跑路，这样的例子并不鲜见。例如，安徽六安裕安明珠苑、合肥蓝钻商界等项目的业主，交了房子预付款之后再去售楼处交涉房屋时，发现售楼处已经人去楼空，找不到开发商。整个裕安明珠苑有9栋楼，其中有的楼盘才完成大概的框架，而有的才盖到一半，开发商就跑了，承建商也不见踪影，楼盘变成了烂尾楼。

开发商惯用的伎俩便是不惜花重金打虚假广告，往往比实际情况要虚假好几倍的广告吸引消费者，为的是诱惑消费者与其进行房屋交易。比如说消费者最关心的地段、环境、楼盘容积率等问题，开发商总是虚构出优越无比的环境、交通、道路，把自己开发的楼盘说得完美无瑕，令人心驰神往。而实际上传说中四通八达的交通线、地铁线、核心商业圈却不知所踪，也没有山清水秀、绿草如茵的怡人环境。一些开发商甚至没有依法拿到开发工程的相关证件，在购房合约期限内也未及时补办相关手续，不仅违反了房地产开发和销售的相关法律法规，而且还在没有对消费者履行告知义务的情况下，欺诈购房消费者。

2. 售中欺骗

商品房销售的名堂可谓是五花八门，令消费者眼花缭乱。房地产开发商最擅长制造的就是"购房陷阱"，往往面慈心黑、坑蒙拐骗。在销售过程中巧妙地控制局势、价格和利润，始终维持利润最大化的目标。房地产商经常使用的欺哄销售方式有以下几种：

（1）自己的房子自己买。抬高房价最好的方式莫过于"自己的房子自己买"，造成虚假的购房热潮。楼盘在预售时，开发商囤下一些好的户型、相对好销的房子，买下几个单元甚至是一整栋楼，可谓是一举多得。其一，可以用微弱的利息抵押套现；其二，可以把相对滞销的产品先卖掉，规避了劣质户型无法销售的风险；其三，可以将优质户型留到现房时销售，在楼盘销售的中后期乘势抬高房价，获取更多的利润。

（2）安排房托买房。这是地产开发商经常玩的套路。安排房托买房子，就是开发商找"托儿"来表演抢购房子的激烈场面，然后进行倒卖。这些房托往往都是自己的亲朋好友，所得的利润当然都会进开发商的腰包，即使不进开发商的腰包，也不会肥水流进外人田。这样欺诈的营销手段，让购房者不知不觉掉入其陷阱中。

（3）延迟开盘好赚钱。开发商拿到了预售许可证不开盘，先不公开销售，搞内部认购。过一段时间宣称房子已经不多了，再补登记；开盘时想买也买不到了，而且现在通过内部认购的房子价格相对较低，开盘以后，房价铁定要上涨。这样紧张的购房气氛，不免令购房者趋之若鹜。

（4）小红旗隐藏的秘密。每个楼盘预售时都有销控表，销控表是售楼处张贴的楼盘销售进展的信息表。其中的奥秘就在销控表的小红旗上，一般情况下，开盘没几天，或者还没开盘，开发商就会人为地在销控表上插了不少小红旗，以显示楼盘销售旺盛。其目的是把那些比较好的主推经典户型藏起来，把差一点的房源先处理掉，好的房源留到现房或准房时再高价出售。

（5）价格背后的虚假。价格一直是消费者最关注的因素之一，同时也是开发商最喜欢把控的概念。很多开发商定价时不考虑合不合理、值不值这个价，而是尽可能地多赚钱。好坏不分，打着均价多少的旗号，但具体到哪一房哪一户的时候价格却以种种借口有增无减。在售楼小姐的口中，无论哪一套房都是好的，都会超过均价，总之没有最好，只有更好。购房者永远不知道价格背后的虚假，也不会买到所谓的均价房。

3. 售后虚假

开发商以追求自身利益最大化为目的，为了对土地的使用达到经济价值最大化，不惜用种种手段，想方设法增高楼层，增加建筑面积。消费者希望的是开发商如何通过合理的规划，使居住的楼房更加适合大众普遍的生存和生活，更加具有人性化。对于消费者而言，购房是一辈子的大事，长久居住是最终目的。对于开发商来说，卖房只是一种过程，一种赚钱的手段。以营利为目标的房地产企业，根本不会顾及购房者的感受和需求，只是一味地在销售过程中把自己开发的楼盘夸得天花乱坠、完美无缺。什么皇家园林、什么私家别墅、什么湖光山色、什么毗邻名校，这些都是虚有其表的口号概念，只是为吸引购房者。等到楼房卖出手，售房前承诺的环境、绿地、会所、公共面积、精装修家具、公共服务等都没有兑现。

部分开发商为了追求丰厚的利益，擅自改变小区规划，增加容积率，缩小绿化面积，占用甚至吞食公共绿地、公共停车道等公共空间。规划中的绿地变成了停车场；儿童游戏乐园变成了店面；180度全江景观仅剩90度江景……这些行为无疑是在牟取暴利，损害业主的切身利益。因为开发商擅自变更规划，和购房者发生了许多纠纷，住房"面积问题"成为房地产行业中不诚信的热点问题之一。例如，北京望京方舟苑小区的开发商违规擅改小区规划，原本社区小学的位置变成了两栋高楼，规划中的艺术长廊变成了停车场等等，业主们气愤地将方舟三期的施工围墙推倒了。又如，北京市朝阳区洼里乡翠堤春晓社区的绿地上，三名业主用麻绳将自己捆绑在大树上，以此抗议开发商把原规划中的绿地改成商品房。再如，昆明万年花城主打的"养身小镇"被开发商擅改规划，许多承诺的公共设施"人间蒸发"，原本6层楼房跃变为7层，绿化带被改为停车位，看来"养身小镇"终将变成"伤身小镇"。

案例：砸出来的震撼——长沙凯富漫城"砸盘记"

事件主角：长沙凯富漫城

发生时间：2010年10月

危机根源：销售不诚信

危机类型：诚信危机

关注指数：★★★★★

事件过程：

2010年10月17日上午，位于长沙市生态动物园对面的"凯富漫城"楼盘的项目沙盘被砸得面目全非。据报道，当日上午"凯富漫城"开盘，开发商之前反复告诫VIP客户要提前来排队选房。可是到了现场后，来选房的VIP客户却发现条件很苛刻，而且现场公布的开盘价比之前告诉顾客的高出了很多。"要先签'认可书'才透露房子的价格，如果接受不了价格，一万元定金没得退"；"才进去10多名顾客就说卖出了130套房子"；"开盘只卖430套房，竟然发了1000多个号"。此外，开发商广告中宣称的"最低价2278元每平方米"的房子其实只有一套。掺和着种种因素，辛辛苦苦排了一夜队却等来一场空的人们，再也无法抑制心中的怒火。两个小时后，"凯富漫城"的两个售楼部被砸得面目全非。

案例分析：

在2010这个"史上最严厉调控"年，非但没有将各地的楼市成交量"打趴下"，反而让均价没有稳住，甚至在不断上升。早买到房的便是赚到，没买到房的焦心。在"越调越涨"的楼市怪圈中，众多购房者通宵排队，苦苦等候只为的是赶早抢到一套房子。像这样的情形，卖方当然要捂盘惜售、先付意向金、临时涨价，想尽各种办法扣订金；房子一栋一栋地卖，一次开盘就一两百套房源，却故意发放几倍数量的认购卡，造成房源供不应求的假象，然后伺机涨价。这些都早已是开发商屡试不爽的卖房手段。

为了利润，不惜制造火爆抢购的场面，但是因为抢购而出现大动干戈的局面绝对不是开发商所想见的。开发商应该冷静思考、理性定价，才能赚取稳定的、长久的利益。一个和谐有序、可持续发展的市场需要供求双方共同构建和维护。单方面的唱涨唱跌，或者无视未来的风险、暗藏的隐患，将可能引起楼市崩盘。

（四）诚信缺失的危害

地产开发商的一举一动都是社会公众关注的焦点。一方面，中国老百姓住房难的问题很突出，使盖房子的开发商备受关注；另一方面，主要原因在于部分开发商无道德感、社会责任感，一味追求个人利益最大化，致使公众的利益受到损害。因此，地产开发商的道德核心在于"责任"二字上，其责任伦理应该能够有所"担当"，对公众负责，同时也是对自己负责的一种表现。

国家一直对房地产业进行严厉地调控，但商品房的销售依然火爆，价格高居不下，开发商反而满赚一把。这种持续不退的暴利现象引起公众的不满情绪。温家宝总理在答网友关于房价问题的提问时，表示说："我也想说一点房地产商的话，我没有调查你们每一个房地产商的利润，但是我认为房地产商作为社会的一个成员，你们应该对社会尽到应有的责任。你们身上也应该流着道德的血液。"然而事实上是，居高不下的房价，让老百姓苦不堪言；频频出事的房市，让政府焦头烂额。因为部分房地产商的贪念，使整个房地产业几乎面临"千夫所指"的噩运。

1. 危害消费者的利益

俗话说，人生有三"子"，即房子、车子、票子。房、车、钱是中国老百姓的三大追求，而"居者有其屋"被视为是人生的头等大事。美国人平均31岁才第一次购房，比利时人是37岁，德国人是42岁，欧洲拥有独立住房的人口占50%，剩下的都是租房。但是，中国人却有着强烈的购房欲和购房行动力。中国的年轻人往往大学一毕业就结婚，一结婚就买房。一提到裸婚，几乎没有女孩子愿意嫁，即便是女当事人愿意，她的家人也会反对。因为在中国人的价值观里，买房体现出来的是一种安全感和归属感。俗话说"金窝银窝不如自己的狗窝"，拥有自己的一套房子，潜意识里就会感到安宁、平静和安全。如果没有自己的房子，就像断线的风筝飘无定所，没有归属感、安全感和依赖感。基于中国人的价值观和文化理念，才会不断掀起购房高潮。

就目前的房价，普通人购房只有两种情况，一种是父母出钱资助；另一种人是牺牲自己的梦想和追求，单纯为了购置一套房子，牺牲健康、拼命挣钱。然而，面对购房的弱势群体，许多地产开发商竟然打着铺天盖地的虚假广告，想尽浑身解数引诱消费者。购房的结果是，交付的问题房、劣质房、危险房，让老百姓大半辈子的心血付诸东流，让老百姓的血汗钱打水漂。购房者失去对地产商仅存的好感，甚至对地产商深恶痛绝。

莲花河畔景苑"跪楼"事件

2009 年最流行的网络词语就是，一座楼说"我倒！"，之后就真的倒了。上海莲花河畔景苑"倒楼""跪谢"事件，引来众多媒体、专家、网友的关注，新浪、天涯、搜狐等知名网站论坛上关于楼盘倒塌的热帖层出不穷。很多网友幽默地调侃道，"房子没有倒，它只是在做俯卧撑而已"；"第一次见到房倒得这么有性格"；"倒得如此完整，扶起来又可以卖了"；"这是开发商的行为艺术吗"……有业主发出这样的求助帖，"听到俺房子倒塌了，女朋友要分手"；还有业主发出如此痛心而又无奈的心声，"我的 180 万全泡汤了，想死的心都有了"，更是引起大家强烈的共鸣。是啊，一贯被称为"房奴"的中国人，房子都没有了，现如今只剩下做"奴"了。这个看似被称为"最大黑色幽默"的倒楼事件并没有结束，相反，继这个大灾难之后又发生许多"楼脆脆"事件，让消费者惊魂不定、无法安睡。"楼脆脆"倒的不仅是楼盘，还有地产商的信誉和责任。试问，谁能为老百姓的生命买单？谁能为老百姓提供安全的家？

2. 阻碍企业自身的发展

市场经济是诚信经济，是建立在诚信合作的基础之上达到双赢的。市场经济是信用经济，是在注重信誉、讲求信用的基础之上赢得利润的。所以，市场经济离不开诚信，信誉

万科毒地板事件

是企业生存的根基。如果没有信用体系、不讲诚信，那么企业的生产秩序就会被破坏，人们的生活秩序也会被打乱，社会的稳定团结也会受到影响。尤其是房地产业，关乎着民生，维系着生命，在市场经济的重要转型期，更应该是最讲道德的行业。然而，房地产业的口碑不佳，不断传出"灰色"信息。一提到"房地产"三个字，人们便神经超常敏感，反感至深。是这摊水太深、太浑吗？原因在于，地产开发商在诚信方面欠债累累，给消费者提供的商品房中掺杂着太多的水分，充斥着腐烂的垃圾，严重危及人们的生命安全。房地产商的不诚信，致使房地产业的投诉率居高不下，毁坏了整个房地产业的名声。有个笑话很好地说明了房地产业目前的尴尬身份。甲见乙出手阔绰，便奉承道："您是搞房地产的吧？"不想，乙立马脸色一沉："你骂谁呢？你才是搞房地产的呢！"末了，乙还气愤难平地扔出一句："你们全家都是搞房地产的。"

在"2012'中国时间'年度经济盘点：十大诚信缺失"榜单上，地产老大万科"荣居"榜首。万科深陷安信"毒地板"门，安信复合地板甲醛含量严重超标，包括深圳万科总部在内的二十余个万科楼盘使用了相关问题的地板。虽然安信一再否认，但是在送检的部分样品中，甲醛释放量达到1.9mg/L，已经超过国家标准限量(1.5mg/L)。事后万科表示对相关批次的地板启动更换和客户补偿方案，并要求安信就超标原因进行说明，但还是无法令消费者满意。万科继"毒地板"、"纸板门"之后又出"质量门"，精装房的高档地板竟然是淘汰货。作为房地产业的领跑者，中国房地产第一品牌的万科，一再掀起质量风波，不免让公众对其品牌失望，对房地产的质量担忧。品牌一旦失信于消费者，不要说万科，就连其他房地产也会很难再次深入民心、赢得更多的市场。

3. 影响国民经济的进程

房地产问题不仅仅是经济运行问题，还是社会问题，住房既是商品，在一定程度上又是特殊的公共产品。房地产业作为新兴的产业，产业链长、关联度大、影响力强，对整个国民经济的发展起着举足轻重的作用。它不仅影响着产业结构的调整，还触及整个国民经济的方方面面。房地产业是国民经济的重要组成部分，在一个国家和地区的国民经济中，占据着重要的地位。它既是国民经济的基础产业和先导产业，在一定时空条件下，还是国民经济的支柱产业。房地产业是拉动内需的强劲动力，是投资和消费的一辆大马车；是带动相关行业发展的助推器，为建材、林业、机电业、服务业等行业提供巨大的市场和商机；是扩大就业的重要途径，在城市的现代化建设中住宅、办公楼、厂房、公共建筑的频繁投资离不开劳动力资源，而房地产业为许多剩余的劳动力提供了就业机会。

然而，地产开发商在追求利润的同时，缺失诚信，漠视老百姓的需求和期望，这等于将产业风险转嫁给了整个国民经济。易宪容曾称"国内房地产业挟持着中国大陆经济，挟持着地方的经济"。国家在采取宏观调控措施以防止经济过热时，房地产业总是发出种种不和谐的声音，致使国家的措施不能正常出台实施。但是，如果国家不进行宏观调控，任其房地产业自由的发展，那么有一天房地产业的崩盘就会导致国民经济的瘫痪。房地产为了达到最佳利益而不择手段，就是将缺失诚信带来的产业风险抛给整个国民经济，让国家为之埋单。

（五）诚信缺失的根源

世界上没有无缘无故的爱，也没有无缘无故的恨。房地产商一直自认为形象是被大众丑化、妖化，如果仅仅是丑化而已，那又如何解释房地产业的"诚信指数"连续多年倒数第一，还垫底在食品行业之后呢？（在此特别指出，2008年出现了三鹿毒奶粉事件，食品行业的"诚信指数"也才排在倒数第二）房地产在老百姓心目中的形象常常与暴发户、奸商联系在一起。房地产商应该更多地在自己身上寻找原因，看到自己道德方面存在的问题，使自己的企业流着"道德的血液"。

1. 利润的驱使，让开发商铤而走险

经济学之父亚当·斯密在《道德情操论》中指出："如果一个社会的经济发展成果不能真正分流到大众手中，那么它在道义上将是不得人心的。"房地产就像这样，利益被少数人吞食，而大众却没有享受到应得的成果。正如某个房地产商自我调侃说，"女人常常骂没有一个男人是好东西，现在开发商的遭遇有点像男人——没有一个是好东西"。这个不是"好东西的男人"身上背负着数不清楚的罪恶：从买地开始到飙泪拆迁、擅改规划、拥地涨价，再到开发后的房屋质量……房地产商再怎么样地打扮自己，也很难改变大众心目中"黑心""无良"的印象。

马克思说过，只要有300%的利润，资本就敢践踏世间一切的法律。面对房地产业这块巨大的肥肉，有的开发商不免心生歪念，想一个项目就赚个盆满钵满。他们常常以"利"字当头、利欲熏心，抛开"商德"、"商道"、社会责任感。而在美国房地产企业家普遍受到尊重，借用一位英国人爱德华·戴斯1862年访美时说的话，"赚钱是美国人的主要目标，与其说美国人看中金钱是为了生存，不如说他们是作为其一生成就的证明"。鉴于这样的价值观，在美国人的金钱梦中占据着重要的精神追求。而物质财富被当作一些中国人衡量幸福的标准，对物质生活富裕的追求成了生存的第一要义。在这种价值观的驱使下，地产开发商把对金钱的赚取放在首位，在强烈的功利心驱使之下，做了金钱的奴隶和仆人。

2. 腐败滋生，助长了开发商的不诚信

自古以来，在中国社会里官商勾结的现象屡见不鲜。不可否认的是当今的房地产业，已经成为政府官员腐败的温床、官商勾结的重灾区。有不少官员接受地产商的贿赂而下马，比如说苏州市原副市长姜人杰受贿1亿多元，财政部原副部长朱志刚被"双规"，北京原副市长刘志华受贿近700万而被判死缓……这些皆因收取了房地产商的好处，被"权"和"利"蒙蔽了双眼。由于各地政府的财政收入很大一部分来源于房地产业，所以个别官员特别热衷于和地产商做"朋友"，甚至甘愿冒着上断头台的危险也要为这个朋友两肋插刀。房地产商正是看准这一点，以财权交易让贪官们为自己谋利。

有权利而缺少监督的土壤就会有腐败滋生，房地产业便是一个很好的例子。政府在行政管理中，一方面，作为公共利益的代表人，制定规则、调控经济活动。政府掌握着土地的审批权，一些不法开发商想要非法获取土地，以财色千方百计拉拢掌权者，

不少政府官员则难以抵挡住诱惑。另一方面，政府利用手中丰富的资源，直接参与经济活动。各地的政府肩负起发展本地区经济的重任，为了达到中央政绩考核要求，加快了对土地的经营步伐。而土地资源的定价掌握在政府官员的手中，这变相加剧了土地违法竞标和土地买卖的腐败行为。部分政府官员把土地作为重要的生财之道，非法出售土地中饱私囊，这更助长了地产开发商的嚣张气焰，让其更加肆无忌惮地野蛮拆迁，垄断商品房的开发和销售。官商勾结的链条一天没断，商品房的价格就会持续上涨，公众的利益就会受到损害。

3. 相关法律、制度不健全，让开发商有机可乘

我国的信用管理体制和相关法律、法规还不健全，比起发达国家的信用体系还存在较大的差距。发达国家注重法理，有一套完整的信用制度和信用评估体系。而中国偏重人情伦理，往往以德服人、用伦理来约束行动。所以，在中国对失信、道德失范行为的处罚力度不够，失信的成本较低，而守信的收益甚微。即便发生失信的举动，也更多地只是从道德、伦理层面进行舆论谴责，法律惩处轻之又轻，甚至还能逃脱法律责任。对消费者来说，维权花费的成本太高，不法开发商正是看准这一点，在房屋交易中欺诈消费者，获取丰厚的利润。

社会主义民主政治提倡道德自律，但是又有多少企业能够做到自觉自律呢？温家宝总理点名房地产商应该流淌着"道德的血液"。"道德血液说"显然把房地产推到了风口浪尖上。但是没有调查房地产的利润来源和牟利手段，恰好又说明了政府的监管职能不到位。法律制度没跟上，让不法房地产商还是有空子可钻。建设部副部长齐骥表示，"建设部将继续加大查处力度，让那些不诚信的房地产开发企业付出代价，直至清出房地产市场"。要想拔除房地产这颗不诚信的毒瘤，医治好"道德贫血症"，需要

靠法律和道德双管齐下的治疗。仅靠道德约束，法律无动于衷的话，房地产的不道德行为只会变本加厉。但是，如果一切行为都要依靠法律来解决，那么也是社会的悲哀。

（六）房地产开发商的道德表征

建筑自始至终都脱离不开一个字——人，无论是远古时代的草棚还是今天的摩天大厦，都是人为建造并为人所使用。"无论我们承认与否，建筑的确是每个人一生中不可缺少的一部分。我们在建筑中降生，爱和被爱直至终此一生；我们在建筑中工作、娱乐、学习、教育、做礼拜、思考问题或制作物品；在建筑中我们进行商业活动、组织活动，处理国家事务，审判罪犯，进行发明创造等等。大多数人早晨在一幢建筑中睡醒后，必然要去另一幢或若干幢建筑中度过繁忙的一天，晚上又回到这幢建筑中度过美妙的夜晚。"[①]人从呱呱落地那一刻起，就无时无刻不在与周围的环境打交道，而人的大部分时间是在建筑这个空间中度过的，建筑与我们每一个人的生活息息相关。对于一个普通的人而言，建筑可以简单地理解为房子、住所，最关心的也理所应当是自己有没有居住场所、够不够居住、住得安全和舒适与否等。简而言之，就是以实用性的角度关注建筑，理解建筑为其带来的最基本的、实用的功能——遮风避雨、抵御风寒。

马克思说，"价值这个普遍的概念是从人们对待满足他们需要的外界物的关系中产生的"。[②]价值是以人为主体，用以表示客体满足人类需求的属性、作用和意义的概念。建筑的价值在于其与人的关系，在于它满足人类的需求——物质需求和精神需求。从伦理的角度来深层次挖掘建筑的价值，这涉及人类的终极关怀

---

①转引自秦红岭《建筑的伦理意蕴——建筑伦理学引论》，中国建筑工业出版社2005年版，第3页。

②马克思、恩格斯：《马克思恩格斯全集》（第19卷），人民出版社1963年版，第406页。

问题，触及人类最基本的伦理问题，即人类的进步、完善和自我解放的问题，人类的生活方向和追求理想的问题，人类与自然界是否和谐相处的问题。建筑是人类的物质家园，同时也是人类的精神家园，更是物质家园和精神家园有机结合的理想家园。"土地平旷，屋舍俨然，有良田美池桑竹之属。阡陌交通，鸡犬相闻"，陶渊明笔下的世外桃源便是一个理想的物质家园，还有《大同篇》《镜花缘》等中描绘了一幅幅生动形象的理想家园的生活图景。

人生在世，安身立命，在"安身"的同时也要"立命"。给肉体一个容身之所，同时也要求得精神的寄托，营建的房屋也能成为精神家园。别致的建筑并不仅在于它的外表富丽堂皇、雍容华贵、精美优雅，重要的是其寄托的精神意义。比如，古代私家园林的价值在于让文人墨客们远离尘世的喧嚣，吟诗作画、陶冶情操。今天的现代化建筑，摩天大厦平地起，展现得更多的是单调的结构和单一的模式。大量运用科技手段营造的建筑，凸显物质层面的表象，缺乏真正的情感寄托。当人们面对密集的高楼，心生恐惧，感到窒息，失去生活所需的宁静感、幸福感。建筑变成了束缚心灵的枷锁。

当建筑变成了对物质生活的无限享受，而对精神生活的追求懈怠下来，那么建造的目的便会发生颠覆和错位。在建造物质家园的时候发生不可避免的恶果，像环境污染、空间拥挤、生活不便。更有甚者，开发商、建造商的偷工减料出现豆腐渣工程等等。建筑作为物质家园尚且不足，更无法达到精神家园的境界。

当然，失去精神追求的房地产开发商、建筑商的企业文化反映着该企业的道德理念，其诚信体现在员工的行为方式上。只知道赚钱的房地产企业，其销售人员便会唯利是图，想尽一切手段欺诈销售，甚至不顾企业的声誉和形象来完成销售任务。这让弱势群体和低收入之家购房更加可悲。试问，一个不以人为本、不以百年宜居建筑为价值取向的房地产企业能够为人类建造出理想的家园吗？

第三节　房地产商道德表征的追求目标

一、企业目标：以人为本

我们一遍遍问自己："城市为谁而建？"答案当然是人，只有人处于核心地位时，建筑才算真正地存在，建筑才有意义和价值。房地产行业和食品行业一样，是良心企业、健康行业，涉及人类的生命和安全。在房地产开发过程中，安全规范始终是开发商道德底线的最基础、最基点的基点。始终以人道原则或者是生命价值原则为前提和最根本的责任。英国建筑理论家拉斯金曾说："评论建筑物的好坏，要听老百姓的愿望。"[1]也就是说，评论一个建筑，我们更要倾听公众的意愿。对于地产开发商来说，顾客就是上帝，消费者的声音就是上帝的声音。以普通百姓的利益为第一位，充分尊重老百姓的意见，这才是建筑的出发点和最终归宿。工程伦理首要的一条规则就是要把公众的安全、健康、需求和福利放在首位，工程师的职业道德规范紧紧围绕"责任"二字，房地产的经营理念始终要坚持神圣的行业使命感，为百年追求而建筑。

（一）建筑的环境

美是人类文明史上的永恒话题，美渗透在我们生活中的每一个角落。孔子说，"食不厌精，脍不厌细"，是对美食的追求；"乘肥马，衣轻裘"，是对华服的讲究；今天琳琅满目的化妆品，更

---

①转引自秦红岭《建筑的伦理意蕴——建筑伦理学引论》，中国建筑工业出版社 2005 年版，第 302 页。

是反映了人们对美丽容颜的向往。人类爱美的天性也无可厚非地在建筑上打下烙印，"居必常安，而后求乐"，对建筑要求坚固耐用的同时，在实用的基础上进行修饰，增添了审美的视角。美与建筑的环境密不可分，包括自然环境与人工环境。比如，坐落在建筑物周围的小桥流水、青葱树木、人造假山，乃至街道、广场、学校等等，这些都是人们可以感受到的，用身心能够体验到的外部环境。当然，建筑的环境并不单是这些外部环境，还有建筑物内部的空间范围、整体构造，建筑群体和整个环境的和谐、融洽，给人以鲜亮、清新、明晰、舒服、怡人的感觉。总之，建筑与周围环境给人呈现出整体的美感，单个建筑空间带给人身心的愉悦和舒适，这便达到了建筑的目的和宗旨。

环境、建筑和人密不可分，对建筑空间来说，环境包容着建筑；对人而言，建筑空间包容着人；在一定意义上，人也同样对环境包容。在这个体系中，寻求建筑空间的和谐便是对这三者关系最好的诠释。在实践上为人类创造出理想的空间环境，不仅是物质形态的空间，而且还包括负载着的精神体验。这些环境赋予了无生命的人造建筑文化内涵，反映出人类社会的文化和精神面貌。任何建筑都将处于特定的自然环境和人文环境中，每个建筑都是构筑城市外部空间的一个要素，因此建筑的设计和建造不能脱离它本身所处的城市空间环境和历史文化环境。建筑设计的目的同时也是为了与周围的建筑环境和城市的历史文化背景一起为人们提供更多的使用以及有意义的城市外部空间，并强化城市的特征。所以，建筑的选址要结合当地的气候、土质、水质、地形、整体环境等因素综合考虑，让建筑的生命周期保持在适宜的居住气候中，保证生态平衡的同时又不失人文底蕴。建筑与环境的结合是建筑设计的重要原则，建筑应该充分体现对已有环境的尊重和利用，以及带给居住者内心的愉悦感和感官需求的满足感。在确定建筑的位置以后，不论是人工的还是自然的，都要创造出有利于人们居住的环境和气候。比如，在建筑物周围种植树木、植被，能有效地遮挡风沙、净化空气、减低噪音，还能充当乘凉避暑的绿伞。在建筑物附近建造人工假山、小湖泊，不仅为建筑增色添彩，而且还能演绎现代建筑的"天人合一"。总之，人类有亲水的倾向，喜欢水、亲近水的本能。涓涓细流让人觉得亲近，一方静水给人以温柔，波涛澎湃给人以无穷的力量和活力。临池小坐，使人心境明快，一解忧愁；面朝大海，又让人胸怀广阔，顿生豪情。所以，水具有不可替代的独特魅力，是构成美丽佳境的重要因素，中国古代建造园林就有"无水不成园"的说法。另外，除了自然的绿化、水体和地形地貌环境之外，建筑开发商还需为居住的人们提供便利的人文环境，满足居住者的生活和出行。

（二）建筑的设计

建筑的宗旨不仅是要解决居住问题，而且要让居住者舒心，有归属感、安全感和愉悦感。在建筑的环境设计中，设计者应该本着"不加害"的原则，即在完成设计时，不对周围的环境和其他人的正常生活构成危害，不让建筑成为"痛苦的建筑"。但是，事实上往往建筑设计都没有遵守这一原则，发生像光污染、噪声污染、日照遮挡、密集恐惧等情况，这些造型丑陋、比例失调、扭曲空间的建筑还引发了另一种痛苦——建筑的痛苦。一个健康的建筑创造出的是和谐、生动的画面，其中寄予了建筑者的情感，代表着大众的情感和心声。一个幸福的建筑展现出来的是灵活的空间，以人为本的交流场所，温馨的生活场所，绿色、生态，可持续发展的人居环境。痛苦的建筑则让居住者产生畏惧、恐慌、压抑、烦躁、自闭等不良情绪，严重扰乱生活、工作和学习。比如，在现代化建筑中，高层建筑的构建便是一个引人深思的问题。在大城市中高层建筑是必要的，但在一些中小城市里高层建筑似乎不是很可取的。且不说高层建筑的造价和维护费用高、耗能高，其房屋使用率不高造成资源浪费；采光和通风要靠能源供给，不利于环保和节能；高楼层挡光需要很多玻璃墙，对周围的街道和建筑影响造成很大的弊端。最主要的是长期生活在高层建筑里，与阳光和新鲜空气接触较少，容易对人住者的身体和生理造成伤害。不同的住房设计引起不同的人际关系和亲疏关系，比如高层公寓和四合院房屋就有不同的人际交往模式。在居住距离近的四合院里，人们交往的频率高，容易建立起友谊和亲密的关系；而高层公寓的高密集感让人内心不愉悦，在超负荷的感觉下会产生消极的情绪和行为。

因此，在建筑过程中，地产开发商应该从环保、实用、方便、愉悦的原则出发，本着真、善、美的理念来设计建筑，从满足自己的赚钱需求向满足居住者的需求转变。建筑设计要从人住者的生活需求出发，以人为本，力求空间的生活化和人情化，重视居住者的身心健康与情感等隐性因素的影响。要努力把建筑设计成为快乐的生活、交流、学习场所，一个充满高认可度的场所，让居住者真正感受到"家"的感觉和温暖，而不是令人厌恶和恐惧的场所。比如，在社区里建立公共绿地、活动广场、健身场地、人工凉亭等，提供给居住者休闲娱乐的场所；在公交车站旁设计走廊和座位，给行人提供遮风避雨的小港湾，这些都细致地考虑到了人的需求。建筑的设计就是从"服务"的角度出发，充分提高建筑场所的功能和空间，充分发掘建筑场所的新功能，使其功能多元化。在环保、节约的设计中，结合人文、历史，展现建筑的生活、文化气息和特色，将历史和现代有机结合起来，赋予建筑现代都市的时尚气息，又不失人文内涵和实用功能。

（三）建筑的容积

聚居是人类社会的特质，人类相互聚居、协助，才能维持生存和发展。环境是人类共同居住的容器，环境服务于人类，但不可避免的是环境也制约着人类。现代化大工业社会的迅猛发展，让城市的面貌焕然一新，放眼望去一片片高楼耸立。其实在辉煌的建筑背后，人们有说不出的苦和痛。建筑的根本功能在于给人类提供固定的居所和独立的生活空间，能够尽情展示自我和释放压力、情绪。因为，每个人都需要有独立的空间，来保护个人的利益和隐私等不受他人视线的窥视和行动的影响。私人空间里的隐私就是通过建筑空间来实现，用各种建筑方式来避开公众的视线。西方国家对于空间的规划特别注重于"私密性"，也就是空间的独立使用性，以确保个人利益不受侵害。通过空间规划出来的缓冲距离，可以使人与人之间免于物理、心理上的威胁、侵害、压迫。如果人们处于"拥挤"的状态，私人空间就会被侵犯，容易造成疾病、暴动、战争、高犯罪率、紧张的情绪、污浊的空气、烦躁的嘈杂等现象。特别是对小孩的健康成长极为不利，心理学证明，从小生活在拥挤空间里的小孩，面对压力常常表现出无助感。因此，消费者在购房时，除了考虑地理位置和人文环境外，对生活的质量也越来越注重，他们特别关注在商品房销售的广告中常见的"建筑容积率、建筑密度、绿化率"等技术指标。

住房的密集度不仅影响着生活在其中的人，而且也影响了外来的访问者。现代单元式的高层住宅楼普遍流行起来，其私人性相对于传统的居民住房变强了，可是缺乏邻里之间的互动空间，人际关系存在隔阂，增加了人们的孤独感和寂寞感。没有以前"远亲不如近邻"的亲切感，而是变成了"比邻若天涯"的感觉。人们在孤单时需要融入群体中，却没有活动的公共空间。开发商为了最大化地使用土地，擅改规划和比例，精美的宣传册和沙盘中的视野、角度、朝向被改得面目全非。私人空间被压缩，严重降低了人类的生活质量，提高了生活的成本。

二、企业良知：内诚外信、知行合一

（一）选　材

在建筑物的建造过程中必然要消耗大量的材料和能源，对生态和环境产生一定的负面影响。因此，在建筑过程中，如何改造和提高人居环境的同时，又能有效利用资源、减少污染、保护生态环境、实现可持续发展是面临的关键问题。我们将可持续发展融入建筑中，即要发展绿色建筑，这是城乡建筑的必然发展趋势，也是贯彻可持续发展这个基本国策的重要方式。说到发展绿色建筑涉及方方面面，像建筑的设计、规划、选材、施工等，但最重要的一个方面就是建筑的选材。《绿色建筑评价标准》把绿色建筑定义为，在建筑的寿命周期内，最大限度地节水、节地、节能、节材，保护环境和减少污染，为人们提供健康、适用和高效的生活空间，创造出与自然和谐相处的建筑。

建筑材料的重要性在建筑中是不言而喻的，建筑材料是建筑主体的基础，是建筑质量的根本保障；同时，建筑材料也是建筑物碳排放量和环境负荷的重要组成部分。因此，在建筑工程中开发商应尽可能地节约建筑材料和使用绿色建筑材料，在保护环境的同时创造出绿色宜人的家居环境。对绿色建筑的材料选用不仅仅是一个经济问题和技术问题，更是房地产开发商和建筑商的观念问题。通常情况下，开发商和建筑商是从房屋的结构安全、工程竣工验收和经济的价格来选材，完全是从企业和自身的利益来考虑。但是，发展绿色建筑就必须跳出传统的模式，在考虑自身经济利益的同时，更要从入住者的健康、国民经济的可持续发展以及建成节约型社会的角度来考虑选材问题。

建筑的各个产品都应该符合规定的相关标准，如结构性材料的选择应该使用高性能的材料，可以节约建筑材料的用量，而且耐久性无形中延长了使用的期限和维持的时间，减少了在建筑周期内维修的次数，也减少了废旧拆除物的数量，从而减轻了对环境的污染。此外，节水材料的选用也是一个重要的环节，要选用品质优良的产品，保证管道不发生渗漏和破裂，还要达到节水的效果。室内装饰材料的安全性和环保性都要符合标准要求，例如甲醛含量超标就会威胁到人的生命安全。总之，建筑材料的选用要紧扣节约、环保、健康、安全，有益于人居环境的保护和改善，并且尽可能地实现可回收、可重复使用、可再生利用。在兼顾实用性能、健康安全的前提下，满足环境的可持续发展。

（二）质　量

目前，"快餐式"现象对步伐紧凑的城市发展来说再普遍不过了，在这种商业模式下发展起来的"快餐"建筑也变得十分常见。"快餐"建筑洋溢着紧凑、快销的氛围，有着快速发展的规划、快速竣工的节奏、快速营销的步调，追求低成本和高速度。许多建筑的质量不达标，在施工过程中偷工减料，以小换大、以次充好、装修不合格、不达标，埋下严重的安全隐患。特别是让商业利益充斥着的住宅群体，质量问题日益凸显，严重威胁着居住者的生命安全。

典型的例子便是，在汶川地震中都江堰的六所学校建筑粉碎性倒塌，而当地的政府大楼却毫发未伤。从倒塌的瓦砾中可以看出不达标的钢筋，明显的是一起偷工减料的豆腐渣工程。而在1995年1月17日，日本神户发生里氏7.2级强烈地震中能够经受住剧烈震动而傲然屹立的建筑却是学校的一座座教学楼，地震后神户临时的避难所也大多是学校。2007年7月16日，日本新潟县西南发生6.8级地震，上千栋建筑坍塌毁坏，灾区的公路和桥梁严重变形，沿着海岸线的地面上出现了一条近一米的长裂缝，使整个海岸向西北方向移动了16厘米。然而，在地震中能够经受剧烈震动而傲然屹立的建筑仍是学校的一座座教学楼。反观我们中国，最无法得到质量保障的建筑物是什么？是学校的教学楼。最不能承受风吹草动的建筑物是什么？依然是学校的教学楼。试问，处于同样地理位置的政府办公楼却为何比较耐震呢？这便是一些政府官员和不法建筑商勾结的结果，拿无辜儿童的宝贵生命开玩笑，偷工减料地施工，结果是人为因素造成了无法挽回的惨剧。

中国可以说是世界上每年新建建筑量最大的国家，但这些建筑只能持续25～30年。据资料显示，英国建筑的平均寿命达到132年，美国的建筑平均寿命达74年。每年中国消耗全球一半的钢铁和水泥用于建筑业，却产生大量的建筑"垃圾"。住宅工程的质量很差，电梯不安全、地下停车场顶棚漏水、垃圾堆放、楼道内墙壁脱落渗水、住房内墙面出现裂缝等严重问题。总之，商品房的质量问题很多，安全问题严重。"短命"的建筑，不仅加

脱落的墙壁　　　　　　楼道顶部破损坍塌

破烂不堪的电梯　　　　充斥着垃圾的停车场

重经济负担、造成资源浪费、带来环境污染，还会导致一些"证在、物亡"的物权纠纷。

俗话说，质量是企业的生命，安全是生产的保证。在光鲜灿烂的外表下一眼看不出问题，只有经过时间的检验才能暴露出弊端。从汶川的小学教室和政府办公楼的对比，从许多"快餐"建筑的存在，可以看出渗透在建筑中的往往不是建筑者的道德良知，而是腐败、利益和偷工减料。建筑不仅仅是百年的承诺，还应该是一种贯穿始终的质量和安全的系统安排。建筑者始终应该贯彻以人为本的伦理原则、安全至上的伦理底线、力争创优的伦理目标、精益求精的伦理手段以及廉洁公正的伦理监督，将建筑的使用寿命传承至百年。一个房地产企业的首要任务是高度重视工程质量和安全生产工作，在日常生活中始终坚持"安全第一、质量为先"的方针，在扎实开展安全生产的同时，提高工程的质量，有效地预防和减少建筑事故的发生，保障房地产业持续稳定发展，给居住者提供安全、放心、满意的住房。

（三）价 格

房地产是一个重度、价高的商品，讲究建筑的科学，讲究建筑的历史，讲究建筑的艺术。房地产商除了让自己开发的商品蕴藏人文气息之外，还要把握住消费者的心理需求，激起他们内心深处的共鸣。价格便是左右消费者购房的重要因素之一，这关系到买卖双方的切身利益，价格的定位和波动，直接影响到消费者的接受度和满意度。因此，准确把握消费者对商品的价格敏感度，就等于完成销售的一半任务。

不同的消费者对价格的敏感度表现不同，而且有不同的价格倾向性。有些消费者对价格有特别的偏好，如对"4""7""13"等为尾数的数字忌讳，偏爱"8""9"为尾数的数字等。对于购房这一行为，绝大多数消费者在决策是否会购买时，总是先要比对不同的价格再决定是否选择该商品房。总之，其心理需求就是希望付出最少的资金，收获物美价廉的房子。

物美价廉心理：买房在普通老百姓心里是一件大事，毕竟要花费大半辈子的心血。所以，追求物美价廉的商品房是普通人的购房心理，其对商品房的价格十分敏感，在各方面的比对也非常仔细。很多消费者都会对一定区域内的楼盘进行比对，在商家发出的广告中了解价格，或者通过亲朋好友了解到价格，综合起来判断价值趋势。对于普通买房者这个潜在的大客户，开发商应该针对其追求廉价的心理，在制定售房策略时应该研究在保本的情况下，如何优惠价格才能达到理想的销售量。降价策略对于追求低价的消费者来说有奇特的效果，开发商可以先制定合理的价位，再使用零头定价法即奇数定价法，把本来可以定价为整数的商品房价格改为低于这个整数的零头价格，而且常常以奇数作为尾数，让消费者在心理上感受到价格的确已经便宜了。另外，开发商在销售过程中赠送购房大礼包、优惠券等，无形中使消费者感觉到楼盘的附加值，便会从心底接受价格。而且对于普通老百姓来说，买房最大的诉求便是实用、经济实惠，不刻意追求外表有多华丽新颖，而在乎其使用价值。所以，开发商在营销策略上，应更多的展现商品房的使用价值，通过降低花销的广告费用来降低产品价格，提高售后服务，让消费者感到物超所值，从而成为帮助房地产商的最好的口碑宣传者。

三、企业的追求：向善的建筑

建筑是一种真实美，一种自然美，一种艺术美，对活生生的外形加以调整，添加修饰之物，让其充满艺术的力量，如风如景如诗如画般美丽。建筑活动中蕴含着求真、趋善、臻美的伦理价值，这些内涵在建筑活动中已经内化为建筑师的人格，转化为房地产开发商的伦理、道德、良知和品质。求真是建筑工程的重要使命，趋善是建筑活动的终极目标，臻美是建筑艺术的主要任务。对真、善、美的追求，要求从事建筑活动的人诚实、正直、纯洁、谦逊。建筑的真理在于更深刻、更全面地追寻理解人类的生活、实现人类的自我价值，在真、善、美的有机统一下，实现真的探寻与善的规范的统一，进而使人们的行为和结果趋向完美的境界，实现真正意义上的建筑。

（一）迥异的风格

美丽的建筑具有提升人的精神和道德的力量，建筑风格能给人们向善的力量。建筑随时代而发展，建筑的风格也应该同社会发展相适应。有外形简单、现代，功能实用、材料精良，注重细节和环保的德式风格；有凸显对称、工艺精湛气势恢宏、贵族气息的法式风格；有给人亲切、柔和、自然、明快、个性而不张扬的地中海式风格。或古典，或现代，或简约，不论哪一种建筑风格都是人们对居住的思考和探索。在中国传统的建筑中有庭院、花窗、木雕、石雕、青砖、粉墙、朱红色大门、坡屋顶等标志性元素，而现代化高楼大厦丢失了传统的影子，千篇一律的钢筋混凝土、如出一辙的外观让人视觉疲惫、审美疲劳。现代国际主义主张"以少胜多""以减胜繁"，将设计的色彩、原材料简化到最少，把少量元素发挥到极致。建筑设计应该紧密结合人类的日常生活，满足人们的需求，力求回归自然、有整体艺术感，又不失时代感、民族感和区域化、个性化，尽量摆脱整齐划一、同质的建筑设计范式。

例如，创始于1999年的广州奥林匹克花园，创造性地将体育引入房地产中，提出了体育复合地产的概念。在之后的六年多时间里，奥林匹克花园在全国发展了三十九个项目。"差异就是权利、独特就是价值"，奥林匹克花园在坚持走品牌差异化，坚定不移的同体育事业相结合，在体现自身差异价值的同时，为社会做出了一定的贡献。又如，美国的环境友好型社区，其显著特点是将商店和开放的绿地混杂在一起，实现居住和其他多种功能的结合。在这种社区里，人们可以步行或者骑自行车就可以到达餐厅、商店，在满足人居功能的同时，也实现生活服务的功能。

（二）伦理的价值

目前，我国建筑界最迫切的伦理问题是如何尽可能担负社会责任，让建筑为公众服务。这个社会责任主要包括对弱势群体的关怀，缩小贫民与富翁之间的居住差距，力保实现"居者有其屋"这一目标。虽然，我们的道路变宽了，那是为汽车准备的；高楼林立，那是为有钱人准备的；城市变美了，越来越走向精英化。结果是我们的传统和地域文化特色消失不见了，到处充斥着"明星""大牌""国际"建筑，将中国建筑变成时尚的巴黎春天。各大城市纷纷建造的经济适用房，打着为低收入平民准备的口号，却也存在很多弊端。很多经济适用房为了节约成本，小区环境乏味，建筑造型单调，造成社区内部人际关系冷漠。许多经济适用房离市中心较远，给上班族的出行带来不便，反而增加生活成本。因此，建筑承担的功能是为普通的城市居民服务，建筑开发商的伦理责任是抛开奢华，摒弃"形象建筑""政绩建筑"，为公众的平凡生活提供理想的物质环境。因此，解读建筑的另一种伦理功能就是"教化"，是蕴藏的一种特殊的人文教育文化，反映出建筑开发商和设计者的伦理文化和价值观念。

建筑的艺术、风格、造型以特有的符号和语言构成了某种特殊环境和氛围，间接地折射出特殊的情感、思想和观念，让人受到熏陶和教化。不同气质的建筑让人产生不同的心灵震撼和情感共鸣，引导人趋向善的行为。比如，校园建筑鲜明地体现了学校高雅的文化品位，校门、教学楼、图书馆、实验楼、科技馆等无一不是文化的载体和象征。清华大学的图书馆就是优秀之作，散发出浓郁的学院气派，体现了清华校园特有的气质和文化，给人厚重、明亮、亲切又不陌生的感觉。著名学者资中筠曾经感慨地说："记得当年考大学，发愤非清华不可，主要吸引我的除了学术地位之外，实实在在的就是那图书馆。一进那殿堂就有一种肃穆、宁静，甚至神圣之感。自然而然谁也不会大声说话，连咳嗽也不敢放肆。"[①] 日常的建筑设计和空间规划应该尽量创造出私密性和公共性相结合的空间，让居住的公众亲密交往的同时又有单独的私人活动空间。在日常生活中彼此面对面交流，实现自我展示、分享、互助，并且产生强烈的归属感、认同感，让建筑空间不仅具有物质意义，同时还具有积极向上的精神价值。

（三）责任担当

随着国家对房地产业的调控，越来越多的中小开发商失去了生存的空间，房地产开发已经进入了品牌竞争的时代。而品牌房地产开发商在追求自身利益的情况下，要承担的社会责任也将会越来越多，这是一个很重要的现实问题。一个品牌从开发到形成需要比较漫长的积累过程，也就是要得到消费者认同和接受的过程。一个真正的品牌开发商需要有很强的社会责任感和行业使命感，才能得到社会和消费者的认同。一味追求利润和金钱，忽略对社会的感恩、奉献和回馈，这样的开发商即便一时成功了，也不能创造出长久可信赖的品牌。房地产开发商在运营的同时，背负着点亮城市文明的使命，肩负着对所处时代和社会的责任，对业主的责任，同时是对自身企业的责任。

以"为老百姓造好房子"作为经营理念便是责任担当的最好体现，以追求精神内涵、质量、物美价廉为发展目标便是赢得消费者信赖的最佳方式。昆明佳达利房地产公司以"为幸福建造"

---

①转引自秦红岭《建筑的伦理意蕴——建筑伦理学引论》，中国建筑工业出版社 2005 年版，第 49 页。

构建了自己的企业文化、理念、使命和价值观，这凝聚了佳达利人对美好生活的向往，对未来的憧憬，对幸福的追求。企业的持续经营和发展，归根到底是为幸福建造的一种方式。佳达利地产倡导构建一种健康、快乐、幸福的企业氛围，为客户和业主创造和谐幸福的人居环境，同时也让员工身为佳达利人而感到幸福，齐心协力打造一个饱含激情、创造幸福、创造快乐的企业。佳达利地产公司董事长李留存女士非常关注幸福，其理念是："用心建筑城市乐园，一点一滴地雕琢幸福。为客户，建造幸福人居；为员工，创造幸福生活；为社会，响应幸福和谐；为未来，憧憬永恒幸福。"2013年5月12日，"别样幸福城"开盘之际，佳达利地产在售楼广场组织了"佳达利—幸福讲坛"开讲仪式，特别邀请了北大客座教授易洪波讲幸福人生，著名演讲家蔡朝东老师讲传递幸福，民营企业家协会执行会长花泽飞老师讲创造幸福，昆明市总工会原主席杨丽老师讲关心下岗工人的幸福，云南大学杨振昆教授讲幸福营造。这是为老百姓真切地创造理想的生活环境，同时更是社会责任担当的一种表现。

对人类的生活负责，对企业的经营负责，对国民经济的发展负责，是房地产开发商实现自身价值和兑现社会承诺的基本表现。建筑最普遍的功能是居住，但发展至今就不仅仅是居住场所而已，更多的是文化生活的理念。对于开发商来说，还需要承担其他责任，帮助购房者如何规划建筑，建筑和建筑之间的距离，建筑售后的物业管理服务等，这些都是房地产行业肩负着的重任。当今的房地产开发商不仅需要创造品牌，而且还要响应党中央的号召，思考自己的品牌如何与和谐社会、美丽中国对接起来。这需要有实力的品牌开发商站在时代的前端，提升道德基线的同时肩负起社会责任，提升品牌的附加值，为社会和消费者提供更多、更环保、更舒适、更健康的房子。

第三章
建筑的审美视觉

建筑美学是一门融合我们的审美感受，并以各种形式的建筑体为审美对象的艺术学科。如果说建筑是一首"凝固的音乐"，那么它凝固的是快乐和幸福，是我们幸福的家。让人世间的幸福和快乐聚集在这里，让温馨和爱意在和煦的阳光中花开遍地，这应该是建筑商和房地产商共同的责任。

第一节　建筑审美总述

　　梦想中的房子，带给我们人闲桂花落的雅致。梦想中的建筑，让你在流水草树中徜徉时光。建筑的美在我们心中，它给我们美的形象，美的意味，美的感受，美的体验，美的享受，美的生活滋味。

　　建筑美学是一门融合我们的审美感受，并以各种形式的建筑体为审美对象的艺术学科。

　　如果说建筑是一首"凝固的音乐"，那么它凝固的是快乐和幸福，是我们幸福的家。让人世间的幸福和快乐聚集在这里，让温馨和爱意在和煦的阳光中花开遍地，这应该是建筑商和房地产商共同的责任。

　　每一个建筑都是一首诗歌，整齐的建筑就像律诗，有规律和一致的标准；不整齐的建筑，则像自由诗、散文，让人觉得自由而洒脱。古代诗赋如《阿房宫赋》《醉翁亭记》《岳阳楼记》等名篇佳作，就直接描写了建筑物的形象美。而有些诗赋则是把建筑和其他环境融合在一起进行抒写，形成特定的意境，例如《兰亭序》《望海潮》《滕王阁序》等。建筑是"无声的诗"。这一比喻揭示了建筑形象的诗情美。从形象上看，有些诗的文字书写形式为"楼梯诗""宝塔诗"就颇像某些建筑形象；从内在结构上说，诗与建筑也有某种类似之处，如横向排列、层层递进、空间组合等结构，诗与建筑就明显表现出一种内在联系。像闻一多的诗歌"三美"主张，就有"音乐美，建筑美，绘画美"一说。建筑和绘画、音乐密不可分。

　　房子，我们身体和心灵的栖息之所。建筑，既是我们的时空感悟空间，也是我们的身心交流的处所。我们居住，我们使用，我们发挥能使用的空间建筑，我们就会向更美观，阳光更充足，空气更新鲜的方向追求，甚至因此而决定了房子有更多的附加值。幸福的建筑是使你在能居住的同时具有幸福的感受，享受充足的阳光、空气。美感和舒适感并存，相伴而生。生活中有人追求舒适安逸，也有人追求纯真自然。生活理念不同，生活情趣也会不同。为了苦修而闭关修炼的人，刻意把自己关在狭窄阴暗的房子里，以此来锻炼自己的毅力和意志，做到淡泊以明志，宁静以致远，他们的行为让人产生由衷的敬意。也启示我们寻求内心的宁静不在乎外在的物质条件，而在寻常的建筑中生活也觉得心有寄托。美好的生活感受其实不在于高屋华庭，而在于自然质朴的爱心小屋。

也许生活中的琐碎和浮躁牵绊我们太久，越来越多的人变得躁动不安、心神意乱。为了生存，拼命奔走，对身边的事物漠不关心。也有些人对建筑习以为常，根本不会注意这些建筑的特点，更谈不上去欣赏品味它的美了。在钢筋水泥林立的城市中，建筑习以为常，就算偶尔某个建筑有点特色，也只是让人们多看它几眼，对于它的建设和拆除都漠不关心。但如果是你的房子，你想刻意装饰它、欣赏它，问题和麻烦就随之而来。你得不断地策划和修改，你得争取各方面的意见和建议。建筑的室内效果在很大程度上取决于装修的效果。每一个细节上的用心之处，都能体现建筑者卓越的设计理念和审美风度。建筑就好像是你自己的孩子，看着他慢慢成长。这样的成就感是无可比拟的。建筑可以带给建筑师以创造的幸福，也能带给人们以自在自得的幸福。幸福的感受不同，幸福感的程度也不一样。

其实影响审美的还有很多因素。例如交通是否方便、地理位置是否偏远、当地气候是否宜人、污染是否严重、环境是否优美等等。建筑的实用性对人们审美的满足感甚至有决定性的意义。

人们的审美并不是单单由建筑来决定的，一个人以什么样的心情来欣赏建筑，对于美感的体验来说也是很重要的。这就是很多租房子住的人比有房子的房奴更加快乐的原因。

建筑可以成为历史文化的坐标。可以对后世的建筑起到很好的启示引领的重要作用。因此，传统的审美观念会影响着一代代人的审美意识。

第二节 建筑的审美特征体现

一、实用与审美

建筑的实用性是最重要的，首先人们必须要使用建筑，它才有使用价值。每一座房子，都有它的用处。但是除了实用之外，还有重要的审美价值。

每个人都有不同的审美观，有的喜欢现代简约，有的喜欢古典，有的喜欢科学高效，有的喜欢优雅美观，有的喜欢节能降耗，有的喜欢别致精美。

瑞士建筑师勒·科尔比西耶建议未来的房屋应该简朴、干净、专业、廉价，他对任何的装饰都深恶痛绝。认为真正的、伟大的建筑是最能体现功效的建筑。他从飞机和机器上得到启发，认为飞机为了飞行，机器为了运行和高效，不希望附加任何不需要的东西，"人们不会把雕塑放在飞机上"。他说，因此，他也不希望在建筑物内外添加任何不必要的装饰品，他希望简洁而高效。他的某些观点是正确的，也得到了现代社会的认可。因为可以使得居民使用建筑物更方便快捷。简单实用也是一种审美。

这种观点房地产开发商会很高兴，因为他们可以节约在建筑之外添加其他附件的开支，只需要建设好居住的房屋就行，而且屋子内也不需要添加装饰。但是勒·科尔比西耶有点走极端了，他按自己的理念设计房子：不但室内没有任何装饰，他甚至不允许在室内放置任何沙发、椅子之类的家具，代之以机器设备。他要挑战传统的家居生活的观念，用工厂里的灯来照明，墙用瑞士进口手工灰浆粉刷。为了省钱，他不顾主人的反对，房屋的圆顶改成平顶，理由是可以省钱，并且冬暖夏凉。结果平顶在雨天积了很多水，平顶裂开，水渗透到天花板上。灾难随之而来，整栋建筑物都在漏雨，车库完全泡在水中，屋顶的水沿着天窗汹涌而人。最后勒·科尔比西耶不得不承认自己设计的这栋建筑物根本无法居住，主人家拒绝付清建房的全款，要不是因为第二次世界大战爆发，主人家逃亡至巴黎，他还可能遭受法律起诉。

勒·科尔比西耶的建筑实践给我们的启示是：彻底抛弃一个建筑的美，完全考虑它的机械功能，一切都为了高效利用空间、节能降耗、节省材料，那么这个建筑物将会是什么样子的呢？它会像一个仓库、一间教室、一个生产车间。一切为了追求经济利益而舍弃美学方面的设计，那么它肯定会呆板而单调。

在建筑物的外观上，也许人们可以设计一些美学的形状和布局，但在办公室内，它们大多数是清一色的空旷。公共淋浴澡堂和厕所是很实用的建筑之一。它必须简洁高效地满足人们的需要，具有明显的使用需求，它们对美学的要求不高，对使用方面的要求很高。如果与之相反，扩展其功能，就会出力不讨好。1996年广州天河建成全国第一个五星级公共厕所，里面不仅可以解手，还有小卖部、电话电报亭、洗衣店、邮件收发部、传真复印等服务，结果搞得本末倒置，主要功能没有发挥好，其他服务功能也没有好的效益。同年，平顶山市建成一个四星级的厕所，里面有服务台、电视、沙发、空调、饮水机等设施，每个月的维护和耗能费用为四千多元，显得浪费不适用。与其建这么一个豪华型的公共厕所，不如多建几个普通的公共厕所，服务更多的老百姓。

草房

其实，建筑的美感是以实用为基础的。每个建筑的存在都因为它有用途。追求现代化的大都市的建筑和追求民族特色的旅游区的建筑并不相互矛盾和排斥，办公楼就需要高效利用空间和节能降耗，个人居住的独立别墅就需要精美雅致。可见，建筑的功能性和审美性应该是一致的。

建筑最早只是由于生存需要，用于遮风挡雨。以佤族的建筑为例，最初是以草房为主的。

瓦房

佤族的草房大多是两层楼的，楼下关牛羊和猪，楼上住人，反映了佤族是个狩猎民族的特征，这是刀耕火种的历史留下的痕迹。佤族茅草房原始质朴，简单却能与自然融为一体，鲜明地体现了佤族的生态文化，体现了佤族的粗犷质朴之美。

随着时代的进步和人们需求的变化，对房屋的实用功能的要求也在不断地提高。佤族村落已经由草房变成了瓦房。土墙或者砖墙，宽敞的院子，显示着人们走向富裕，家丁兴旺导致房屋功能增加。

建筑是财富和地位的象征，对中国人更加具有吸引力。无论是拔地而起的现代化高楼大厦，还是精致美丽的豪宅别苑；无论是安逸舒适的住宅小区，还是标准统一的办公楼，都令人为之心动，因为它是财富和地位的象征。特别对于依恋土地和叶落归根意识较强的中国人而言，拥有建筑这样的"固定资产"似乎是与生俱来的愿望，因此美感还和人内心的价值感相联系。

二、表现形式

建筑物的美来源于它精致的外形、靓丽的颜色、精美的布局和室内的设计。

对使用价值较强的建筑物而言，它们的美观一般来自它们的"标准统一"、外观颜色、总体布局，它们的使用性限制了它们的外形。这便是火柴盒式的建筑遍布各大城市的原因。

对现代建筑形式美的追求要数迪拜。它的每一座标志性建筑都有着独创性的美感。

世界第一高楼，迪拜塔高 818 米，可用楼层超过 160 层，成为世界最高建筑，笔直塔形，高耸入云，有挺拔的气势和强大的力量，给人以崇高的美感。

迪拜风中烛火大厦从 54 层到 97 层不等，汇集在一起构成一座舞蹈般的雕塑形象，看上去很像是扭动的烛火。这个造型独特的烛火般的建筑象征狂热和激情，这也是这个活跃着生命冲动和活力的建筑的魅力所在。

叫作 Anara 的大楼虽然比迪拜塔矮了一些，但是它奇特的外

迪拜塔

风中烛火大厦

Anara 大楼

旋转摩天大楼

观有独创的美感，像风力发电机的顶楼餐厅。精妙的设计给人以空灵的想象力，有清新奇妙之美。

让一座摩天大楼在空中旋转跳舞，听上去像是科幻小说。可迪拜就在建设这样一个建筑，它将是世界首个风力发电的旋转摩天大楼，世人可以欣赏到这座大楼的"翩翩舞姿"了。这种各不相同婀娜扭动的姿态，给人以动态多变的美感。

帆船酒店是阿拉伯人奢侈的象征，亦是迪拜的新标志。走进这个世界上最高的酒店就似走进了阿拉丁的洞穴，豪华的装饰非笔墨可言喻，从带你走进海鲜餐馆的小型潜艇，到每个房间的17个电话筒，从楼顶可供直升机停降的平台再到用作机场巴士的8辆劳斯莱斯都可略见些许。帆船酒店给人大方端庄、明丽时尚的艺术感觉。迪拜犹如一个建筑博物馆以其独特创意和表现显示着民族的骄傲和个性的张扬。

每个国家的地标建筑和艺术雕塑，都是一个城市和国家、民族的文化艺术象征。例如悉尼歌剧院便是澳大利亚国家的标志，悉尼歌剧院是 20 世纪最具特色的建筑之一，也是世界著名的表演艺术中心。悉尼歌剧院坐落在悉尼港的一角，其特有的帆造型，加上悉尼港湾大桥，与周围景物相映成趣。歌剧院的整体造型以贝壳为灵

帆船酒店

感之美，这种形象上的生态模拟功能给人一种自然美感。贝壳式的建筑是可以活动的。而且悉尼的特殊位置也强调了它的自然环境的和谐。在海上，好像一个大贝壳一样与周边的环境融合得十分完美。

"五月的风"是坐落在青岛市"五四广场"的标志性雕塑，高达 30 米，直径 27

悉尼歌剧院

米，重达 500 余吨，为我国目前最大的钢质城市雕塑，由自由艺术家黄震设计。该建筑大胆运用了鲜艳的红色作为建筑的主色，带给人明艳、高昂、炙热、火烈的感觉。而这个火炬造型加以粗硬的原型支柱设计给人以坚硬、粗犷的艺术感觉。

南昌大学耗资巨大的新校区大门，是亚洲最大的校门。以一

"五月的风"

个半圆组成，结构并不复杂，半圆的1/3的弧是中国传统的建筑风格——牌坊式。建筑材料使用的是汉白玉，校门正中是由著名书法家赵朴初先生题写的"南昌大学"四个楷体镀金大字。在阳光的照射和汉白玉的衬托下，四个镀金大字熠熠发光，非常显眼。半圆的另外2/3弧是仿照罗马建筑风格建造的，材料是红色的大理石。整个校门中西合璧，与周围美景相得益彰。依自然山水为势，得自然造化之工，汇天地自然之灵气，融湖上碧波为景，以碧海中的山水为灵魂。整个建筑以"自然、自在"为设计理念，大门建筑

南昌大学新校区大门

以中西结合，传统和现代交融。古典的牌楼主体结合，加以汉白玉的古典温婉，有高贵典雅之气。配以红白两色大理石，给人以现代庄严大气之感。

广东省清远市的"丹凤朝阳"雕塑高22.8米，宽约33米，坐落于凤城文化体育公园C区。"丹凤朝阳"雕塑投资约750万元，是清远市目前最大的城市雕塑。以一凤一凰抽象造型组合，表达关于"凤凰"的美与和谐元素，以"凤凰"来象征勤劳智慧的清远人民，朝气蓬勃的精神面貌；开拓进取，勇于探索的勇气

及共建和谐社会的美好愿望。暗红的主色有很好的景深效果。悬空着的"凤凰"被晚霞蒙上了一层淡淡的光晕，在光影交错间显得熠熠生辉。如此气势磅礴的巨雕，

"丹凤朝阳"雕塑

在一派祥和的景象中，呈现出韩美林先生在创作中赋予她的——"时有太平盛世、便有凤凰飞来"的美好理念，给人以祥和美满的艺术感觉。

有些建筑试图要突破常规，对抗地球引力，改变人们的常规设计，建造出别具一格的特殊建筑来。例如位于加拿大蒙特利尔的这座公寓房像乐高积木一样堆在一起，没有传统的垂直支撑结构。这座可居住的雕塑建筑设计公寓，混凝土地板、墙壁和天花板、简约的雕塑感与方块立体的固化感

像乐高积木的公寓房

材质，虽是不协调的艺术设计，可是整体在不平衡中追求平衡。

建于1984年荷兰鹿特丹的方块屋由38个立方体组成，坐落在一座人行天桥的顶部，每个立方体都代表一颗抽象的树——所有的立方体合在一起，就如同一片森林。倾斜的立方体彼此相邻，

方块屋

看上去如同一个六角形，每个方块屋都有三层，顶层犹如一个金字塔，三面由玻璃覆盖。光与影的结合，立体感和现代感都很强。

位于葡萄牙吉马良斯石头屋，为适应石头之间的空间，其形状不得不与石头融为一体，以至于建筑物散失了明显的风格特征，但融入自然，利用自然空间也就成了它的特色。自然的

石头屋

美感深入建筑的造型之中，形成了它独特的材质和造型特色。

三、民族与时代

一个国家的建筑具有民族特征以及深厚的历史文化积淀，如天安门、人民大会堂、中南海和故宫建筑群，都是中华民族的象征。也正如英国的白金汉宫、大本钟，美国的白宫、帝国大厦、国会山、五角大楼，法国的凯旋门、埃菲尔铁塔、巴黎圣母院、巴黎歌剧院一样具有民族与历史文化代表性。

它们雄伟壮观、气势磅礴，同时具有国家和民族的代表性。虽然设计制作的初衷是要它具有某种使用价值、实用性，但其中将会主动或者被动地加入民族和国家的特色与文化因素。这是一个民族、国家的文化符号。其实，这些代表性的建筑之所以会成

为代表，是因为它的美学设计突破了一般建筑的实用性大于审美性的设计，从而让其成为具有代表性的经典之作。

故宫

民族传统文化是一个民族自立于世界民族文化之林的重要原因。让民族文化蕴含于建筑之中，使建筑代表了某个民族的历史文化特征，鲜活而恒久地反映这一个民族的特质。

中国作为一个多元民族共生的国家，其建筑的审美更显示着多样性和丰富性，例如傣族那具有土红色的双层屋顶，两侧有翘起的尖顶，金碧辉煌的屋檐墙面，如果再加上南传上座部佛教的带尖点的圆形佛塔，就把你带入了一个特有的民族文化的

南传上座部佛教的圆形佛塔

意境之中。如果身临其境，看到着装鲜艳的傣族男女、热闹的街市和大象，那就更加令人兴奋了。

然而，随着交通、信息、技术的发展，人们越来越国际化和全球化，标准也越来越统一。其实很多时候，建筑还受到土地、材料、功能的限制，人们不得不考虑如何使得它更加高效、省材、实用等，所以在国际化的今天，大多数房子都越来越相似。可是从建筑审美的角度来说，越具独特美感和文化内涵的建筑越具有

历史价值和重要意义。

第三节　建筑造型与空间审美

一、对比与协调

标准化、国际化和城市化进程中，建筑的设计的个性化是非常重要的。作为城市规划要根据地形、功能和土地的限制，使城市空间疏密有致、结构合理、错落有致、交相呼应，在对比和协调上总显示整体的美感。

欧美城市和郊区的民居建筑群就很讲究外形和布局的统一，直线也好，弧形也罢，都是围绕公路展开，就像树的枝叶结构，显得有条不紊、错落有序。房屋的颜色和形状也是统一的，置身其中你会感受到和谐合理、进步文明。相反，如印度孟买城市化的进程使许多高楼拔地而起，但贫民窟的拆迁改造跟不上现代化的进程，城市显得极不协调、杂乱无章、混乱不

印度孟买现代建筑与贫民窟

94

堪。中国的小城镇建设和大城市城中村改造虽然逐步走上了正轨，但仍存在着各自为政，建筑凌乱，缺少统一的规划，建了再拆，拆了再建的情况，造成城市景观的混乱，人力财力的浪费，降低了建设和城市运行的效率。

二、主导与布局

北京作为我国的政治文化中心，其建筑具有代表性。宫殿楼阁、皇家林园都是权力和民族的代表。故宫就是处于主导地位的建筑群，宫殿是沿着一条南北向中轴线排列，三大殿、后三宫、御花园都位于这条中轴线上，并向两旁展开，南北取直，左右对称。这条中轴线不仅贯穿在紫禁城内，而且南达永定门，北到鼓楼、钟楼，贯穿了整个城市，气魄宏伟，规划严整，极为壮观。故宫建筑群以中大道为主线，从午门进入，沿着中轴线到太和门、太和殿、中和殿、保和殿、乾清门、乾清宫、交泰殿、坤宁宫，这一主线上的建筑物都是主导建筑物，其他两侧的宫殿建筑群，都是从属建筑，特别是花园、御膳房、亭台楼阁，角楼别苑等附属建筑物。

北京城市主体部局

城市商业区和公共地带的主导往往是高耸入云的高楼大厦，或者有特色的建筑群和地标性建筑物，置身其中，给人以气势磅礴、现代文明、繁荣发达的感受；民居建筑的主导则是它与环境协调的结构和布局。主要体现温馨和谐、宁静祥和，风景优美，功能设施齐全，管理服务细化等。

三、重复与交替

现代化的都市强调整齐划一，城市规划要求布局合理、高效节能地利用土地和空间。一排排整齐划一的居民小区、办公楼、商务中心点缀其间，显示现代化都市的景象。城市建设中难免有建筑重复交替的布局，但那是城市功能实现的必须。

想象一下旧城市的景象：那破烂不堪的民房村舍，高矮不一的私搭乱建，人车混杂的小道狭巷，那种自由和随意虽然没有重复交替却给人以困顿不安的生存感。

在城市化和现代化建设中，我们一开始就要重视城市规划，布局要科学，交通要畅通，土地要高效利用，建筑要整齐有序，材料要坚固耐用。体现科学化、现代化和高效化。

一排排整齐有序的银灰色的写字楼、一条条笔直的街道、一处处繁华的商场让你感受到了现代工业文明和商业文明。这种重复和交替的景观开启了繁荣富裕的新时代，告别了无为贫困的旧时代。

四、节奏与韵律

最近各个城市越来越重视总体规划了。建筑物各自为政、杂乱不堪、不协调的局面引起了城市规划者的注意，城市的总体形象来自总体布局和相互协调。美国在历史上是一个新兴国家，它们的城市规划井井有条，总体布局合理，反映了一个世界性大国的气度和能力；在欧洲特别是巴黎的许多大街都是历史悠久的建

筑，虽然它们不高，也
不现代化，但是它们的
高度、材料甚至每一扇
门窗都相互呼应；而在
亚洲及第三世界国家，
建筑是极其杂乱的，
就像日本那样发达的国
家，也因为土地资源缺
乏、人口暴涨和历史的

洛杉矶民居鸟瞰

原因，搞得建筑物参差不齐。东京作为现代化的大都市，建筑物
已经标准化和国际化，没有任何民族特色，就算偶尔有几座挤压
在高楼大厦之间的古代或者民族特色的建筑，也与周围的环境极
不协调，总体上难以形成自己的特色。

有规划的民居就会有节奏和韵律，在一个整齐有致的小区中，
特别是在欧洲和北美的小区建筑群中，让你感受到一种和谐平等，
这与建筑的材料和档次无关，很多北美和欧洲的房屋是木头瓦房，
但是它们体现的和谐统一、温馨舒适、人人平等的精神是无可比
拟的，置身其中，你没有感受到官僚等级、贫富差距，没有特权
和强权，也没有弱势群体和歧视。生活就应该如此以人为本，以
群众和人民的需要为本，那些刻意追求的做作的富贵，那些不协
调的人为添加的"美"都是多余的和徒劳的。建筑的平等是人人
平等的一部分，生存权是人权的一部分，而居住权是生存和生活
的一部分，通过整齐一致的小区建设，也可以反映出他们的人权
状况。

五、比例与尺度

无论是人体还是建筑，最美的比例就是黄金分割。公安局、
法院、检察院等政府执法机构的大楼一般都是方方正正的，宽和

鸟瞰建筑

高或者宽和长的比例符合黄金分割是最美的。政府大楼也可以建设得方方正正，也可以建造成弧形，显得很气派。西方古典建筑高度与开间的比例，愈高大愈狭长，愈低矮愈宽阔。高层建筑狭长显得雄伟壮观，矮层建筑长和宽都很大，显得宽敞和大气。巴西议会大厅是两座28层大楼，是巴西利亚市最高建筑物。左侧为参议院办公楼，右侧为众议院办公楼，大楼之间有空中通道相连，呈"H"形，为葡语"人本主义"的首写字母。两院会议大厅建筑外观如同两只大碗，右侧众议院的碗口朝上，象征"民主""广开言路"；左侧参议院的碗口朝下，象征"集中民意""议决题案"。公司大楼则主要位于商业区，商业地段的地价较高，所以一般呈现高的尺寸大于宽的尺寸。大楼一般有蓝色的玻璃外墙包围，设计形状不一定是矩形，要显示出它的现代化和时尚。建筑小区中的楼房因地形限制，总体上不能符合黄金分割的法则，但门窗和室内尺寸的设计上可以满足这一比例的要求，住宅起居室、卧室、厨房应直接采光，窗地比为1:7，其他为1:12。室内的面积也不能太小，应该根据总体大小合理分配。室内高度不宜太矮也不宜太高，最高2.8米左右。一般来说门窗略比人的尺寸高一点点就可以了，阳台和开放式房间尺寸也不宜太大，参考人的身高和跨步大小来设计即可。楼梯的台阶不能显得太窄，楼梯的坡度不能太大，阶梯台阶的宽、长、高都应该合理，对楼梯扶手的高和长也是有要求的。道路设计应该考虑人的步伐大小、身体体型、残疾人、气候状况而设计宽度和长度。除了考虑美学之外，还得考虑实用和安全问题。柱子等支撑体如果要显得粗就用浅色，要使柱子看起来显得细一些，可以采用暗色和冷色。绿化带一般要求按固定距离种植树木，设置座椅和照明设施。

六、平衡与层次

当建筑置身于群山环抱的环境中，或者山湖之间的地带时，它应该成为自然的一部分，它与自然应该协调起来，自然的美和人的主观能动性结合了起来。自然很美但不能居住，或者不适合居住，就算有几个山洞可以避雨避风，但其配套设施并不完善。建筑可以满足人使用的需要，可它不自然，是加入了人的主观意识的东西，是物化了的意识，它丧失了自然美。我们制作的种种产品和用具，已经不是它自然存在的形态，它甚至与自然之物格格不入，甚至是被异化了的东西。例如，闪闪发光的水晶和钻石，它们的存在形态是在山洞里或者石头堆上，显示的是大自然的丰富和美丽，而我们将它们取出来，雕刻成我们认为美的形状，另一种刻意的美，其实它已经丧失了它的自然性。那么建筑存在于自然之中的时候，它是否能融入自然，或者是破坏了自然，不协调于自然？因此，如何融入自然就成了一个大问题。

存在于城市中的建筑物是那么的普通，因为地面面积、材料和经济条件的限制，特别是住宅小区，千篇一律的高楼大厦就不可避免了。为了节省空间，由于材料和土地面积的限制，技术、材料的发展，建筑越来越国际化。也许对于标准化了的建筑，会显示出它们的统一性，有一种整齐一致的美，特别是和杂乱的贫民区相比，似乎更加标准化，城市规划和土地利用更加合理了。在房价越来越高的今天，能拥有一套这样的房子，大多数人已经心满意足，并心甘情愿地成为房奴。如果要他们说心里话，他们会说，他们更喜欢具有个性化的别墅，根据需要来建设楼层数和房间的形状、布局，根据个人喜好来建设游泳池、花园、餐厅和卫生间。欧洲中世纪大多数贵族都在郊外有自己的城堡，它们坐落在山清水秀的环境中。有的坐落在草原上，自成一体，里面的设施一应俱全，完全可以把自己关在里面一年而不需要外界的帮助。然而城堡是贵族的象征，由于土地面积有限、人口增长、城市化步伐加快，想建设一套自己的别墅越来越困难了。由于交通、工作、生活、学习等的需要，人们宁愿投身在城市之中，居住和工作在千篇一律的"标准"建筑中。

第四节　建筑的审美情感体验

一、审美感知——感觉与知觉

如果我说幸福是一种感受，大多数人都会同意，这个感受不受物质条件的限制，就算是穷人也有高兴的时候。物质世界也许支配了我们的感觉，但它不直接支配我们的知觉、心理。在国家困难的时期，很多人能吃饱肚子就觉得很幸福了。建筑物给人的

里约热内卢的贫民窟

100

感觉，首先通过视觉、外形、颜色、布局是否给人以美的感受；其次是触觉，它的空间和结构，是否利于我们活动，还是妨碍了我们的活动。漂亮的外形、美丽的颜色、规整的布局总是给人美好的感受。相反杂乱的布局、高矮不一的房屋、凌乱的环境给人很差的印象。置身于加拿大多伦多郊区那有条不紊的居民聚居区，和置身于巴西里约热内卢拥挤不堪，对比会十分强烈。你看到的贫民区毫无美和幸福的感受，而是迫于生存和藏身搭建的居所。

二、审美想象——联想与想象

正如铅笔和书纸的味道就能让你联想起在学校的童年时光，一盘炒菜的香味让你联想起节日的大餐，建筑也是一样的，几片红色的琉璃瓦让你想起了气势磅礴的故宫建筑群，汉白玉镶嵌的西式外观以及白玉立柱，让人不禁联想到了英国的白金汉宫或者美国的总统府——白宫。有时候只要一点简单的线条，或者颜色，就能让你浮想联翩，不再局限于建筑和时空的限制，这就是建筑附加的额外的意境。在时间越来越快，空间越来越狭小的今天，我们需要发挥我们的想象，扩展我们的思维空间。其实不同的颜

Barn 式仓库

色、格局、外形和结构，都给人以联想和想象，建筑物不再局限于有限的时空之内，而是延伸了人的思维想象。正如方块整齐的橘黄色建筑给人以温暖和童话般的感觉，也给人们带来了兴奋和热情。这一点很重要，有时候我们的居住空间很有限，可是人的想象力是无限的，有些人以为大房子很气派，但是如果设计不当，也会显得很单调，例如欧美的 barn 式房屋，翻译过来叫谷仓或者粮仓，很大，很空旷，却无法体现它的宏伟，它就是一个储藏物品的仓库，呆板而没有生气；改造后的 barn 式别墅则能很好地体现它的优点：宽阔、大气、雄伟，同时充满了欧美特色，给人以充分的审美和想象的空间。

改造后的 Barn 式别墅模型

如前面所述，迪拜的建筑物是很有想象力的，那是一个新建设的世界，充足的资金和全新的思想，给它的建筑物以全新的设计，继承了现代建筑的科学特点，但又不受固有观念的影响，创作出全新的建筑群落。而在保守禁锢的政治思想影响下，就会建造出 CCTV 的菱形方脚的"大裤衩"模型。苏州东方之门的"秋裤"造型。许多时候，我们需要发散性思维和超前的意识观念，不是有钱就能盖出气势雄伟、造型独特、结构合理的现代化建筑物。迪拜是阿拉伯世界，应该说他们有相对保守的宗教环境，但是他们依然能建造

建设中的苏州 301 米高的东方之门摩天大楼

出别具一格的建筑群。

无论哪个行业，干什么事情，如果没有创造力和想象力，只能称之为"匠"，工序很熟练，操作很娴熟。例如，教书久了，就成教书匠；铁打多了就成铁匠；房屋盖多了就成泥瓦匠；这些都成不了大师，因为他们没有热情，没有创造，循规蹈矩，完工了事。可以看出想象力和创新对建筑多么重要。建筑反映了人的心态和思想，表达了开发商和建筑师的宇宙观和人生观。虽然所有建筑都要符合建筑科学和自然科学规律，才能建成，但是在满足这些规律之外，还有很多我们可以发挥自主能动性的部分，还可以注入我们审美观念的方方面面。

前面我们讲过迪拜的建筑的独创性特点。迪拜的建筑物是存在于想象和现实之间的，是想象力与技术的完美结合。国内一些代表性建筑物也给人以想象的空间。北京首都国际机场整个 3 号航站楼工程可以想象成"龙吐碧珠""龙身""龙脊""龙鳞""龙须"五部分组成。龙吐碧珠——指的是旅客进出的"集散地"，即交通中心（GTC），俗称停车楼。这一次扩建的停车楼面积为 34 万平方米，拥有 7000 个停车位。龙身——是扩建工程的主体。作为"龙身"的 3 号航站楼建筑面积 42.8 万平方米，南北向长 2900 米、宽 790 米，建筑高度 45 米，由 T3C 主楼、T3D 国际

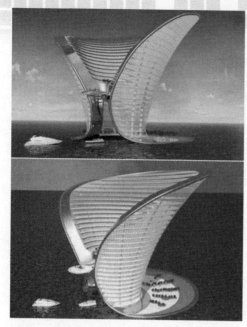

阿帕伦酒店

朱美拉海滩酒店

候机指廊、T3E国际候机指廊组成。两个对称的"人"字形航站楼T3C（国内区）和T3E（国际区）在南北方向遥相呼应，中间由红色钢结构的T3D航站楼相连接。龙脊——指的是主楼双曲穹拱形屋顶，这也是整个T3工程中最为壮观的地方。这里的钢网架由红、橙、橘红、黄色等12种色彩起伏渐变而成，如同彩色云霞托起腾飞的巨龙。龙鳞——是屋顶上正三角形的天窗，从远处看，犹如巨龙身上的鳞片。可以自然采光的"龙鳞"天窗，是国内机场首次运用这样的技术。航站楼天花板上有155个这样的采光天窗，能让阳光洒向大厅的每个角落。龙须——四通八达的交通网。设计师利用了本次扩建工程中同步配套投资建设的进场交通工程,包括三条高速公路、一条轻轨和一条地方路改造而成。

特朗普迪拜国际酒店

3号航站楼不仅建筑外形在时尚元素中融入中国古典意象,内部景观更是彰显文明古国源远流长的历史。旅客步入 T3 值机大厅,迎面即是"紫微辰恒"雕塑,它的原型是我国古代伟大科学家张衡享誉世界的发明"浑天仪",精巧逼真。国内进出港大厅摆放了 4 口大缸,名为"四海吉祥",形似紫禁城太和殿两侧的铜缸;二层中轴线上,摆放了形似九龙壁的汉白玉制品——《九龙献瑞》,东、西两侧是"曲苑风荷"

迪拜歌剧院

北京首都国际机场 3 号航站楼

和"高山流水"两个别致的休息区。T3 国际区的园林建筑是 3 号航站楼景观的另一大亮点:15000 平方米的免税购物区以"御泉垂虹"喷泉景观为核心,东、西两侧是"御园谐趣""吴门烟雨"皇家园林;国际进出港区还设有两个巨幅屏风壁画——《清明上河图》和《长城万里图》。旅客置身航站楼,犹如畅游一座满是稀世珍宝的艺术博物馆，相信过往旅客都会收获一份身心的愉悦与享受。专家们评价，3号航站楼的文化景观继承和丰富了中国传统艺术文化，集观赏性与功能性于一身，颂扬了中华文明的同时，又有旅客对T3的坐标定位功能。航站楼内部的服务设施也同样会使旅客感受到首都机场的人文关怀和人性化功能。航站楼建筑通透大方，屋顶被设计成155个"龙鳞"样式的天窗，这种独特的造型不但为航站楼的整体建筑增添恢宏气势，更是国内机场首次运用的大规模自然采光设计思想，可以有效地节约照明能源；T3著名的"彩霞屋顶"还有一个独特的功能——指方向，屋顶密布的条纹由红色向橘黄色渐变，始终指向南北，旅客在航站楼内就不会担心迷路了。

从进场高速两侧到3号航站楼前，覆盖植被总面积达70万平方米，相当于GTC整体建筑面积的两倍多，并且采用多品种的植被和地面标高的错落，营造出空间的立体层次。三号航站楼外有两湖一河。景观湖分为东湖A、东湖B和西湖三部分组成，占地面积约为12万平方米，蓄水量约50万立方米。作为一个超级枢纽机场航站楼，它拥有几百万平方米的建筑面积，日常运行将不可避免要消耗巨大的能源。该项设计从最初的构思到建筑设计各环节上都努力探索各种有利于生态节能和可持续发展的设计策略，提出了多项具有创新意义的设计技术方案。它充分利用自然采光，努力降低人工照明的消耗。

国家体育场（"鸟巢"）是2008年北京奥运会主体场所。由2001年普利茨克奖获得者雅克·赫尔佐格、德梅隆与中国

北京鸟巢模型

建筑师李兴刚等合作完成的巨型体育场设计，形态如同孕育生命的"巢"，它更像一个摇篮，寄托着人类对未来的希望。设计者们对这个国家体育场没有做任何多余的处理，只是坦率地把结构暴露在外，因而自然形成了建筑的外观。"鸟巢"外形结构主要由巨大的门式钢架组成，共有24根桁架柱。

它如同巨大的容器。高低起伏的波动的基座缓和了容器的体量，而且给了它戏剧化的弧形外观。汇聚成网格状——就如同一个由树枝编织成的鸟巢。在满足奥运会体育场所有的功能和技术要求的同时，设计上并没有被那些类同的过于强调建筑技术化的大跨度结构和数码屏幕所主宰。体育场的空间效果新颖激进，但又简洁古朴，从而为2008年奥运会创造了独一无二而又史无前例的地标性建筑。

许多看过"鸟巢"设计模型的人这样形容：那是一个用树枝般的钢网把一个可容10万人的体育场编织成的一个温馨鸟巢！用来孕育与呵护生命的"巢"，寄托着人类对未来的希望。

湖南湘西的凤凰城是人民智慧的集中表现。临河建立的鳞次栉比的房屋映照在河面上，如诗如画，美不胜收。

最基本的特点是正屋建在实地上，厢房除一边靠在实地和正

湖南湘西凤凰城

107

房相连，其余三边皆悬空，靠柱子支撑。吊脚楼有很多好处，高悬地面既通风干燥，又能防毒蛇、野兽，楼板下还可放杂物。吊脚楼还有鲜明的民族特色，优雅的"丝檐"和宽绰的"走栏"使吊脚楼自成一格。这类吊脚楼的"栏杆"较成功地摆脱了原始性，具有较高的文化层次，被称为巴楚文化的"活化石"。

传说土家人祖先因家乡遭了水灾才迁到鄂西来，那时鄂西古木参天、荆棘丛生、豺狼虎豹随处可见。土家人们先搭起的"狗爪棚"常遭到猛兽袭击。人们为了安全就烧起树蔸子火，里面埋起竹子节节，火光和爆竹声吓走了来袭击的野兽，但还是常常受到毒蛇、蜈蚣的威胁。后来一位土家老人想到了一个办法：他让小伙子们利用现成的大树做架子，捆上木材，再铺上野竹树条，在顶上搭架子盖上顶篷，修起了大大小小的空中住房，吃饭睡觉都在上面，从此再也不怕毒蛇猛兽的袭击了。这种建造"空中住房"的办法传到了更多人的耳中，他们都按照这个办法搭建起了"空中住房"。后来，这种"空中住房"就演变成了现在的吊脚楼。

吊脚楼是中国西南地区的古老建筑，最原始的雏形是一种干栏式民居。当人类的记忆尚处于模糊不清的原始时代的时候，有巢氏创造的吊脚楼就作为最古老的民居登上了历史舞台。它临水而立、依山而筑，采集青山绿水的灵气，与大自然浑然一体。吊脚楼是建筑群中的小家碧玉、小巧精致、清秀端庄，古朴之中呈现出契合大自然的大美。它是一个令人忘俗的所在，散发着生命的真纯，没有一丝喧嚣与浮华。身临其境，俗世的烦恼会烟消云散，困顿的胸怀会爽然而释。如果对大城市的奢华和浮躁感到厌恶，应该切身地去体验吊脚楼所呈现的"天人合一"的美妙境界。泛舟静静流淌的江水中，欣赏两岸错落有致而鳞次栉比的吊脚楼，每个人心里都会生出莫名的感动——这是人类和大自然和谐相处而创造的杰作，时光赋予了她丰富的人文内涵和浓厚的历史气息。

吊脚楼网的寓意就是来自这里。在这里你不会被时间追赶，不会让浮躁吞噬了快乐。

凤凰古城的吊脚楼起源于唐宋时期。吊脚楼便零星出现，至元代以后渐成规模。随着岁月沧桑、斗转星移，旧的去了新的来了，建筑物在日月轮回中不断翻新更替。目前，凤凰古城的吊脚楼多是保留着明清时代的建筑风格。凤凰古城河岸上的吊脚楼群以其壮观的阵容在中华国土上的存在是十分稀罕的。它在形体上不单给人以壮观的感觉，而且在内涵上不断引导着人们去想象去探索。它在风风雨雨的历史长河中代表着一个地域民族的精魂；它如一部歌谣、一段史诗，记载着风雨飘摇的历史，记载着寻常的百姓故事。

三、审美情感——情感与理解

感情给审美的人以更多的动力和理解，使得这似曾相识的事物倍感亲切。也许有些人很客观，不受个人感情的影响，冷静地面对事物；有些人专注于工作和事业，忘记了他居住的环境如何；大多数人则乐此不疲，对所居住的环境布置了又布置，改善了又改善。通常人们看到相片中宽阔的别墅、昂贵的家具、优美的环境时，不禁心生羡慕。但回到现实中时，往往就会很沮丧。其实，大多数人都忘记了，任何条件、任何时候，你都可以创造美，而不一定非得用金钱堆积出来的东西才是美，奢华可能会是美中的一种，但不是全部。情感是态度这一整体中的一部分，它与态度中的内向感受具有协调一致性，是态度在生理上一种较复杂而又稳定的生理评价和体验。情感包括道德感和价值感两个方面，具体表现为爱情、幸福、仇恨、厌恶、美感等等。《心理学大辞典》中认为："情感是人对客观事物是否满足自己的需要而产生的态度体验。"同时一般的普通心理学还认为："情绪和情感都是人对客观事物所持的态度体验，只是情绪更倾向于个体基本需求欲望上的态度体验，而情感则更倾向于社会需求欲望上的态度体验。"

因为情感和需求联系起来，所以贫穷使得很多人自卑，因为他意味着为了生活而奔波，为了吃穿而勉强凑合和应付，没有可以创造的余地，更不要说美不美了。

人们很多时候忘记了自己的创造力，而是在寻找美，不懂得如何利用现有条件创造美和维护美，就算有了美也不长久。就算条件有限，你依然可以创造美，就算你住的是佤族的草房，在山林之间，你依然可以种花种草，你依然可以把屋子周围打扫干净，将家具摆放整齐，在家里面装饰花花草草，使用具有民族特色的布料、制品做装饰用品。很多并不富裕的人对美的追求依然孜孜不倦、乐此不疲。虽然偶尔会因为条件的限制而叹息、遗憾，但行动才是最关键和重要的。某些时候，当现实离理想很远的时候，我们的审美心理受到极大的折磨，例如，不断裂口的天花板和渗透进来的水迹，漏雨的屋顶和在梁子上跑来跑去的老鼠，肮脏的垃圾堆和铺天盖地的苍蝇，变形的门框和不断脱落的墙壁等等。此时的你除非适应了这一切，否则你的心理将遭受着折磨和煎熬。

关在监狱里面的犯人，当然没有美可言，心理是煎熬的，可是当放风时间到的时候，似乎变成了美事，外面的一切平凡的事物都变得美好起来了，形成了对比审美的效果。有些时候幸福和审美是两回事，也许放风的环境并不美，可是你觉得自由了，就幸福了。你饥饿时，也许你的食物并不美，可是你吃起来依然很满足。由于你受了伤，疼痛了好久，伤好了之后，你不痛了，就觉得很幸福。有些时候，有些人要让孩子吃点苦，例如，劳动、军训、苦读等，但恢复他们的正常生活时，他们就会觉得幸福。但一般的情况下，我们不需要用负面的感受来对照审美，我们需要的是正常情况下产生的美好感受，从正常的渠道去创作和发现美。

　　人的不同经历、学识、文化、环境和政治，使得人们对美有不同的理解，对于同一个事物，或者建筑，有着不同的审美态度。例如，由于文化渊源、思想观念、地理位置等多方面的不同，中西方在建筑审美观念上也不同，不论是从建筑的风格和形体审美上，还是建筑的和谐和对称审美上，都体现出了独特的魅力。由于文化渊源、思想观念、地理位置等多方面的不同，中西方在建筑审美观念上也不同，不论是从建筑的风格和形体审美上，还是建筑的和谐和对称审美上，都体现出了独特的魅力。或是气势磅礴、壮丽辉煌的阳刚之美，或是天人合一、师法自然的融合之美，都能比较全面、立体地反映建筑美学的全部意义。这也是一种比较科学的建筑审美形态定位。

　　西方的现代建筑一般是纵向发展，直指天空。而中国古代建筑不论多么高大雄伟，却很少给人以"高"的感觉，只给人以宽广的感觉，因为建筑是在一个大的面上铺展开来的。与西方的石制建筑不同，中国古代的木制建筑以斗拱为基本格调。翻开西方的建筑史，不难发现，西方建筑美的构形意识其实就是几何形体：雅典帕提隆神庙的外形"控制线"为两个正方形；从罗马万神庙的穹顶到地面，恰好可以嵌进一个直径43.3米的圆球；米兰大教堂的"控制线"是一个正三角形；巴黎凯旋门的立面是一个正方形，其中央拱门和"控制线"则是两个整圆。至于园林绿化、花草树木之类的自然物，经过人工剪修，刻意雕饰，也都呈献出整齐有序的几何图案，它以超脱自然、驾驭自然的"人工美"，西方古典建筑的艺术风格重在表现人与自然的对抗之美。石头、混凝土等建筑材料的质感生硬、冷峻，理性色彩浓，缺乏人情味。在建筑的形体结构方面，西方古典建筑以夸张的造型和撼人的尺度展示建筑的永恒与崇高，以体现人之伟力。

中国传统建筑的艺术风格以和谐之美为基调。封闭的内部空间组合，迂回婉曲的建筑序列层次，凝重、舒缓的建筑节奏韵律、自然的建筑装饰设计，给人以亲切、温馨、安闲、舒适的审美心理感受。中国园林"虽由人作、宛自天开"的自然情调区别于西方。

就同一民族和人群而言，审美观点也因人而异，年轻人和老年人的审美观点是有差异的，很多年轻人喜欢奇装异服、怪异的发型和与众不同的东西，老年人则循规蹈矩、因循守旧，希望正正常常的生活。很多搞艺术的人，总是喜欢打破常规，因为艺术创作的灵感来自突破，因此我们可以理解为什么美发师的发型和颜色总是那么怪异；服装设计师设计的服装总是与众不同，日常生活中没法穿。

下面的几个建筑就是建筑师和艺术家的大胆突破的作品，但是能否收到很好的效果却不得而知。

合肥市美术馆整个设计灵感来自民间儿童游戏棒。由长短不一的金属杆件按照严格的结构逻辑等级编织而成，形成自由分布的交叉杆棚罩，外观就像一个未经修

合肥市美术馆

饰的鸟巢。主体建筑平面是一个不规则的六角形，与艺术广场内临水叠落平台、下沉庭院、绿地景观等相融合。合肥美术馆被称为合肥版的"鸟巢"。在 2011 年某网站的评选中，它被评为年度十大最丑建筑。该建筑设计师后来回应道："这次评选可以视为全社会对建筑审美的一次大讨论，如果这种讨论能提升大家的

审美能力，那何尝不是一件好事呢？"

波兰 Syzmbark 地区的这种完全倒置过来的房子，看起来十分不可思议，带给人们夸张的视觉冲击。重庆洋人街街口也有一幢颠倒过来的楼房。

波兰房子

斗牛场购物中心项目是伯明翰城市中心商业区更新的一个里程碑，它摒弃了购物中心过去平面、敞开的设计套路，采取封闭、叠加的建筑，外形犹如一条巨大的鲸鱼，虽然独特创新，但设计风格也引来多方非议。并且耗资巨大达10亿英镑。

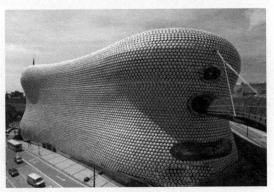
斗牛场购物中心

总体而言，世界上的不同种族、文化宗教、地域环境中的人对建筑的审美要求都是不同的，这不仅取决于当地的生存生活环境，还有历史的原因和经济水平的影响。在审美观点不仅各各不同，甚至刚好相反。在国际化的今天，经济全球化，文化也发生相互碰撞和融合，人们的思想观念也越来越具有包容性和多样性。

第五节　建筑光影与意境美

一、光影的深度与创造

瑞士建筑师勒·科尔比西耶列出了建筑物的三个功能，房子是为了提供：①一个能抵御风雨、寒冷、热浪和盗贼的庇护所。②一个接受光线和阳光的容器。③由烹调、生活、工作的若干个房间组成。

由此可见封闭的建筑更显出光的重要性，有些人为了争取更多的阳光、空气和景色，愿意出更多的价钱；如果迫不得已，人们也会居住在地下室，但是地下室也是要有灯光的。

光明代表希望，给人以温暖。人们总是用光明来代表正面的东西并与黑暗代表的负面相对。阳光具有颜色，在它穿过朝霞和晚霞，它带有淡淡的红色，甚至包含了五颜六色。彩虹就是阳光照射水汽而产生的。所有的颜色都得有光才能看见，因为这是物体吸收了一部分波长的光线，反射另一部分光线的视觉特征。因此我们可以说阳光包含了其他所有色彩。

不止植物具有趋光性，动物和人类也有，万物生长靠太阳，假如没有阳光，那么就不会有动植物的生长，当我们为园林风景的翠绿而陶醉的时候，我们实际是被绿色的光波所包围。

由美国人理查德·迈耶设计的罗马千禧教堂，"白"是他建筑中不可缺少的元素，而白的墙就像画

罗马千禧教堂

纸，光影就在其上自由地作着移动的图画。

教堂内部采光良好 　　　　　　　　　　　教堂外部光影结合

　　为了在展示光影效果，他将斜格、正面以及明暗差别强烈的外形等方面和谐地融合在一起。这种设计呈立方体状，似在召唤一种超现实主义的高科技仙境，其中包含着纯洁、宁静的简单结构。

二、光影的强化与拓展

　　迈耶的作品以"顺应自然"的理论为基础，表面材料常用白色，以绿色的自然景物衬托，使人觉得清新脱俗，他还善于利用白色表达建筑本身与周围环境的和谐关系。在建筑内部，他运用垂直空间和天然光线在建筑上的反射达到富于光影的效果，他以新的观点解释旧的建筑，并重新组合几何空间。迈耶说："白色是一种极好的色彩，能将建筑和当地的环境很好地分隔开。像瓷器有完美的界面一样，白色也能使建筑在灰暗的天空中显示出其独特的风格特征。雪白是我作品中的一个最大的特征，用它可以阐明建筑学理念并强调视觉影像的功能。白色也是在光与影、空旷与实体展示中最好的鉴赏，因此从传统意义上说，白色是纯洁、透明和完美的象征。"

　　任何事情都要有个度，无论是社会生活，还是自然环境，不能想象一个房屋时时刻刻充满阳光，酷热的夏天人们就会渴望一片阴凉。"适可而止""过犹不及"就说明了度的重要，审美也会有疲劳。我们希望室内的通风，能吸纳室外的新鲜空气，但是我们也希望室内不要太通风，以便于在冬天保持室内的暖气，夏天保持室内的冷气。这是矛盾吗？不是，是一个"适度"在起作用，它在矛盾论中是一个重要的概念，当事物在适度范围内的时候，它才是它本身，一旦突破这个限制，它就变化为另一个事物了。暴晒的沙漠和终年积雪寒冷的两极都不适合我们生存。

三、光影的界定与导向

早晨起床，上班族、学生和小贩都匆匆忙忙，此时的太阳还没有升起，没有阳光和影子，寒气袭人，偶尔还会有一轮明月当空，早晨是寒冷而清新的，此时似乎所有的建筑都一样，都是匆忙的城市中的一个单元，所有建筑都是一个颜色——银灰色。太阳升起之后，光线照在你的建筑物上的时候，在建筑后面必然形成一个影子。随着一天之内太阳的移动，影子也在转动。其实影子在衬托着光线，犹如在黑暗森林里穿过树枝的一缕阳光，或者透过洞口进入地窖的阳光，显得格外珍贵。另外，月光和灯光也是很重要的，宁静的月光柔和而不扎眼，灯光在黑夜给人照明。

第六节　光影创造空间意境

一、崇高神秘的意境

"白"是迈耶的作品给我们的第一印象。尽管白色派的建筑未必白，就迈耶而言，这个称号却是名副其实的，在以色彩浓艳的墙、红黄蓝绿的管线、眼花缭乱的装饰为标志的种种时髦设计面前，他的白色建筑自有一种超凡脱俗的气派。与二战后开始流行的暴露材料本色的设计相反，他做的白色光洁表面具有明显的非天然效果。这就是迈尔建筑的特点，也是他建筑的魅力所在——纯净。

迈耶设计的罗马千禧教堂设计可谓前无古人、后无来者。三片

凡尔赛宫鸟瞰

白色弧墙，如船帆状。教堂高 17 ～ 28 米不等，如船帆状的三片白色弧墙，层次井然地朝垂直与水平双向弯曲，似球状的白色弧墙曲面。建筑材料包括混凝土、石灰和玻璃。三座大型的混凝土翘壳高度从 17 米逐步上升到 26.8 米，看上去像白色的风帆。玻璃屋顶和天窗让自然光线倾泻而下。夜晚，教堂的灯光营造出天国的景观。与周围环境有机结合，特别是三片弧墙的独到设计，使建筑脱胎换骨。室内光线经过弧墙的反射，显得静谧和洒脱。"白"是迈耶建筑不可缺少的元素，而白的墙就像画纸，光影就在其上自由地作着移动的图画。

很多国家代表性的建筑物不仅仅是建筑物，而是精神的源泉和民族的象征，其雄伟壮观的外形和色彩给人以震撼之感。建筑

梵蒂冈广场

英国白金汉宫

117

物本身是人的创造物，凝聚了人的心血和智慧，一旦建成之后，它又具有某种神秘的崇高和代表性，是人们精神思想的寄托，很多宗教信仰和民族感情都要依靠建筑物来寄托和表达，因此它再一次成为凝固的思想和感情。当然人们可以创造很多东西来寄托思想和感情，但是讲到宏伟和壮观，建筑物是无与伦比的。

当光线照射在这些白色的建筑物上的时候，给人以明亮和醒目的感觉，他们代表着光明、崇高和权力。

二、幽深冥想的意境

中国皇家林园是光影结合的典型范例，光线给人带来明亮和温暖的同时，建筑的影子也给人以遐想，创作出园林美丽幽深的意境。

颐和园的阳光明媚

皇家林园，无论是在占地面积还是建筑规模上，都是相当大的。园林内有山、湖、森林、建筑物，都是全国最好的工匠，花费大量黄金白银制造而成的。风景优美、山水相连、花红柳绿，建筑物不仅气势宏伟，而且其外形和内部装饰蕴含了儒、释、道等哲学或宗教思想及山水诗、画等传统艺术的影响。中国古代神话中把西王母居住的瑶池和黄帝所居的悬圃都描绘成景色优美的花园。青山碧水，这正是人们梦寐以求的生活环境。

圆明园的阳光与倒影　　　　　　　　园林幽深

承德避暑山庄

三、欢快明朗的意境

建筑的形式是多种多样的，它还可以制造出简洁明亮、简单透明、宁静和谐、环保生态等多种形式，这取决于建筑设计师的想象力和创造力。

简洁明亮的北京建筑群　　　　简洁透明的台中世华国际大楼

四、自然清新的意境

西方和北美的居民，多数将房屋建造在郊区和野外，木头材质和彩色屋顶映射出一种轻松和自由，再配合建筑物以外的花园、森林和草地、整齐的布局和道路。让住宅远离了城市的喧嚣，避免了钢筋水泥的沉重和呆板，让建筑和自然融合在了一起。

加拿大多伦多民居　　　　　　　　　花园中的房屋

第七节　建筑色彩审美

一、色彩与心情

靓丽的色彩，带来了美好的心情。橙色和黄色给人以温暖的感受，也联想到了郁金香、向日葵和金色太阳花，给人的内心带来了喜悦。玫瑰应该是红色，可是红色太妖艳、太造作，黄色玫瑰弥补了它的不足，黄色同样醒目而漂亮，可以代表爱情也可以代

表友谊，最重要的是它很美。但在西方因为黄色主要是犹太人的颜色，所以被认为是劣等色质。

金碧辉煌的宫殿

如果在建筑外围镶嵌黄色瓷砖，或者刷黄色的墙漆，就会给人带来欢快喜悦的心情。金黄色还是财富和高贵的象征，金碧辉煌的宫殿和装饰是富丽堂皇的，帝王将相从衣服到建筑都是金黄色为主，代表了财富和地位。一般来说建筑物上带有黄色显得温暖明亮，但一般情况下不会直接使用黄色。黄色还因其太耀眼，同时用作警告色。

一般建筑中使用接近黄色的橙色、卡其色、米黄色、金黄色等等，既有黄色的温暖和喜悦，又没有那么扎眼，是比较经得住时间考验的颜色。而接近黄色的橙色或者金色，给人以金秋的感觉，是丰收的季节，它使人联想到金色的秋天，丰硕的果实，是一种富足、快乐而幸福的颜色。橙色稍稍混入黑色或白色，会变成一种稳重、含蓄又明快的暖色，但混入较多的黑色，就成为一种烧焦的色；橙色中加入较多的白色会带来一种甜腻的感觉。黄色也是土地的象征，是中华民族的代表色，黄土高原、沙漠戈壁、秋天的草原，都是一片黄色。

颜色与建筑

蓝色是博大的色彩，天空和大海的景色都呈蔚蓝色。蓝色是永恒的象征，它是次于绿色之后的和平的象征，也有生命的象征，欧洲各国和联合国国旗大多有蓝色成分。由蓝色玻璃覆盖的高楼大厦，给人以高耸、现代和崇高的感觉。蓝色和紫色的服装给人以一种低调而持久的浪漫的感觉，纯净的蓝色表现出一种美丽、文静、理智、安详与洁净。由于蓝色沉稳的特性，在商业设计中，强调科技、效率的商品或具有理智，准确的意象，大多选用蓝色作为标准色、企业色，如电脑、汽车、影印机、摄影器材等等。

另外，蓝色也代表忧郁，这是受了西方文化的影响，这个意象也运用在文学作品或感性诉求的商业设计中。蓝色的用途很广，蓝色可以安定情绪，天蓝色可用作医院、卫生设备的装饰，或者夏日的衣饰、窗帘等。一般的绘画及各类饰品也离不开蓝色。蓝色一定程度上代表寒冷，夏天可以用蓝色的窗帘给人以凉爽和宁静之感，而冬天则不宜，它会像其他如紫色、黑色、墨绿色一样，给人以寒冷的感觉。

大红色一般用来醒目，同时也象征热血沸腾般的热情、豪迈和奔放，如红旗、万绿丛中一点红；浅红色和粉红色一般较为温柔、幼嫩，如新房的布置、孩童的衣饰等；深红色一般可以做衬托，有比较深沉热烈的感觉。无论你是在艰难的岁月，还是成功的日子，你都会被漂亮的鲜花所感动和吸引，他们代表着美和美好，安慰着你的心灵，无私地奉献着它们的美，让这个世界更加漂亮。

禁烟

玫瑰的红

红色是最醒目的颜色，可以用来作为警告、危险、禁止、防火等标示用色，人们在一些场合或物品上，看到红色标示时，常不必仔细看内容，就能了解有警告危险之意。在工业安全用色中，红色即是警告、危险、禁止、防火的指定色。

绿色是自然界中最多的颜色，是生命的象征，在商业设计中，绿色所传达的是清爽、理想、希望，生长的意象。鲜艳的绿色是一种非常美丽、优雅的颜色，它生机勃勃。建筑物中的绿色主要来自绿色植物。绿化带上的花草树木，在城市化和现代化进程中，人们越来越远

绿

离自然，这就特别需要种植花草树木来弥补这一缺陷。现代城市化的进程使人们更多的追求时尚和城市化的东西。但人类和自然总需要找到一种平衡的关系，相互协调，缺少哪方面都不行。

绿植与建筑

绿化

"有机建筑"则试图融入大自然中，建筑物完全开放式地和自然相互交错在一块，也许一棵树就穿过楼层之间；也许某一层无顶的楼层就放置在水体之上；你可以听到水的声音，伸手可及的树叶的飒飒声；窗外就是巨石，或者瀑布；楼顶上种植着树木和花草。这样的楼房在自然界中吸取营养，融入自然界中。

由于紫色具有强烈的女性化性格，在商业设计用色中，紫色也受到相当的限制。除了和女性有关的商品或企业形象之外，其他类的设计不常作为主色。用紫色表现孤独与献身，用紫红色表现神圣的爱与精神的统辖领域，这就是紫色带来的表现价值。紫色处于冷暖之间游离不定的状态，加上它的低明度性质，构成了这一色彩心理上的消极感。但是深紫色的沙发套、衬衣、花朵，都会给人带来神秘而典雅的想象，一种经得住时间考验的浪漫。这一点当你

紫色建筑

在普罗旺斯的薰衣草紫色花海中漫步的时候，你就能深深地体会到。建筑中的紫色同样也是神秘和典雅的象征，紫色的窗户和门，甚至紫色的屋顶和瓦，将使得建筑富有历史含义，其经济价值也会因此而增加。同理褐色也是很接近深紫色的颜色，它们都属于深色，明度都不高，它们有很多共同的属性和特点。通常用来表现原始材料的质感，如麻、木材、竹片、软木等，或用来传达某些饮品原料的色泽即味感，如咖啡、茶、麦类等，或强调格调古

薰衣草花海

125

典优雅的企业或商品形象。

通常需和其他色彩搭配使用，纯白色会带给别人寒冷、严峻的感觉，所以在使用白色时，都会掺一些其他色彩，如象牙白、米白、乳白、苹果白，从而具有其他颜色的特征，在生活用品、服饰用色上，白色是永远流行的主要色，可以和任何颜色进行搭配。白色反过来就是黑色，但它们由于都是纯色，因此具有某些相同的特性，例如高贵、稳重、科技化特性。多科技产品的用色，如电视机、跑车、摄影机、音响、仪器的色彩，大多采用黑色。在其他方面，黑色的庄严的意象，也常用在一些特殊场合的空间设计，生活用品

白色建筑

和服饰设计大多利用黑色来塑造高贵的形象，也是一种永远流行的主要颜色，适合和许多色彩进行搭配。一般室内墙面都会采用白色的涂料，显得干净明亮。

二、色彩与环境

一般来说，黄色也不单独使用，而是和其他颜色搭配，或者加入其他颜色成分，实现更多的表达。黄色是各种色彩中，最为娇气的一种色，只要在纯黄色中混入少量的其他色，其色相感和色性均会发生较大程度的变化。如果黄色和绿色在一块，绿色代

表植物和黄色代表果实，给人以温暖、富足与和平的感受；黄色和蓝色搭配，则好像蓝色天空中的太阳，给人以温暖；黄色和红色搭配则就像太阳发出的红色的光，五星红旗就是这个组合。淡黄色几乎能与所有的颜色相配，但如果要醒目，不能放在其他浅色上，尤其是白色，因为它将使得你无法分辨。深黄色一般不能与深红色及深紫色相配，也不适合与黑色相配，因为它会使人感到晦涩、颜色跳跃太大、不协调感觉。不同的蓝色与白色相配，表现出明朗、清爽与洁净；蓝色与黄色相配，对比度大，较为明快；大块的蓝色一般不与绿色相配，它们只能互相渗入，变成蓝绿色、湖蓝色或青色，这也是令人陶醉的颜色；浅蓝色与黑色相配，显得庄重、老成、有修养。深蓝色不能与深红色、紫红色、深棕色与黑色相配，因为这样既无对比度，也无明快度，只有一种脏兮兮、乱糟糟的感觉。蓝色还是一种在淡化后仍然似能保持较强个性的色。如果在蓝色中分别加入少量的红、黄、黑、橙、白等色，均不会对蓝色的性格构成较明显的影响力。红色与浅黄色最为匹配，大红色与绿色、橙色、蓝色（尤其是深一点的蓝色）相斥，与奶黄色、灰色为中性搭配。

绿色宽容、大度，几乎能容纳所有的颜色。绿色的用途极为广阔，无论是童年、青年、中年，还是老年，使用绿色绝不失其活泼、大方。在各种绘画、装饰中都离不开绿色，绿色还可以作为一种休闲的颜色。绿色搭配黄色，或者添加黄色颜料形成翠绿色，使得颜色更加单纯和年轻，配蓝色显得清秀豁达，灰绿色显得宁静和平，让人联想暮色森林或者晨雾田野。深绿和浅绿都给人以和谐安宁的感受，绿色和黑色相配，显得美丽大方，但深绿色一般不与深红色及紫色搭配，会显得杂乱和不纯净。

紫色是波长最短的可见光波。紫色是非知觉的色，它美丽而又神秘，给人深刻的印象，它既富有威胁性，又富有鼓舞性。紫色是象征虔诚的色相，当光明与理解照亮了蒙昧的虔诚之色时，优美可爱的紫色就会使人心醉！与黄色不同，紫色不能容纳许多色彩，但它可以容纳许多淡化的层次，一个暗的纯紫色只要加入少量的白色，就会成为一种十分优美、柔和的色彩。随着白色的不断加入，产生出许多层次的淡紫色，而每一层次的淡紫色，都显得那样柔美、动人，就像韩式风格的围巾。

在理论上，黑色和白色可以和其他任何颜色搭配，因为黑色和白色本身是纯色，没有太多的象征和表达意义。黑色和白色，还有灰色也可以搭配在一块，因为它们属于无色系列，一般不会把黑白两色和大红大紫配在一块，那样的话跳跃太大。要搭配明度相接近的颜色，例如白色配浅色的黄色、绿色，黑色搭配深紫色，不过这样会显得很深沉和压抑。

灰色具有柔和、高雅的意象，而且属于中间性格，男女皆能接受，所以灰色也是永远流行的主要颜色。在许多的高科技产品，尤其是和金属材料有关的，几乎都采用灰色来传达高级、科技的形象。使用灰色时，大多利用不同的层次变化组合间或配其他色彩，才不会过单一、沉闷，而有呆板、僵硬的感觉。因为灰色扮演着黑白色差不多的角色，因此它也具有黑白色所具有的某些特征。但是无论是黑白色还是灰色，都不能长时间注视，因为它们没有任何生机，因此它们还代表着死亡。

建筑物中可以用大量的白色和灰色，因为它们让建筑物显得干净而高效，有现代化和科技化的象征，更重要的是，它们能反光，给居住在室内的人带去光线。黑色也代表科技化，但是由于它是吸收光线而不是反射光线的，因此一般建筑中不会也不可能使用大量的黑色。

有宽阔的绿化面积，还有亭台楼阁，小型湖泊和花园的小区是相对理想的环境，人们在其中休闲娱乐，散步聊天，合理的小区应该如此，每家每户都有停车库，道路通畅。在土地面积越来越贵、越来越稀少的今天，这样的小区不多了。除非是离市区很远的新区，或者很久以前的旧区。

三、色彩与生活

色彩在生活中很重要，在容易弄脏的地方要放置深色，在不容易弄脏的位置可以用浅色。医院则不同，以白色和蓝色为主，是为了及时发现哪儿弄脏了，以便于洗涤和消毒，这可是马虎不得的。医院的蓝色和白色还有天使和生命的象征，说明它是个救死扶伤和新生命诞生的地方。绿色的柔和符合了卫生保健等服务业的诉求。在工厂中为了避免工作时眼睛疲劳，许多工作的机械也是采用绿色，一般的医疗机构场所，也常采用绿色来做空间色彩规划即标示医疗用品。黑、白、灰属于无色的颜色，但它们在色彩配色中占有相当主要的地位，它们以底色和混色的角色活跃在各种配色中，最大限度地改变对方的明度、亮度与色相，产生出多层次、多品种的优美色彩，因此它们是绝不可忽视的无彩色。

由于绿色带有生命和和谐的象征，因此可以用于教育、医疗、商业、产业的建筑，除非少数需要警告和提醒的标志，如交通防护栏；绿色不用于娱乐场所，因为那儿需要热情和兴奋，娱乐场所多用红色、黄色和橙色等色彩鲜艳一点的颜色。黄色和橙色是带有温暖和丰收的象征的颜色，和绿色一样可以用于所有用途的建筑物，因为黄色醒目，甚至包括需要带有警告和提醒的建筑当中。

居民建筑和商业建筑几乎可以用除了黑色之外的任何颜色，居民建筑中的红色不是大红色，而是带有其他颜色成分的红色，例如粉红或者淡红，商业建筑则可以用大红色，更加醒目和活跃。黑色是几乎所有建筑物都不用的颜色，室内的家具可以适当地使用黑色，因为它是无色的颜色，就算长时间观看也不会产生审美疲劳，但是没有人会长时间观看黑色，它只是以底色或者无色的形式存在。对于大红色、大紫色、黄色的使用应该是小心谨慎的，在特殊的建筑或者建筑的局部使用，例如革命纪念类建筑、红色雕塑、商业广告牌、交通警告设施、运动场座椅、娱乐场所可以适当使用，因为上述三种颜色的明度很高，很耀眼，使用时应该加入其他颜色成分以降低其明度，更加和谐和自然。紫色可以用深紫色，更接近深色或者黑色。

当你走进镶嵌有黄色和橙色外墙瓷砖的小区，你会被多年来仍然焕然一新的建筑楼房所吸引，还是和刚建成时一样，没有褪色，许多同年代的建筑由于雨水的侵蚀外墙都已经发黑，屋顶长满了杂草和青苔，而外墙镶嵌了瓷砖的小区却没有。我们要感谢建筑师和开发商舍得在外墙上投资，让建筑物永葆青春。白色的外墙确实不错，干干净净，让人觉得现代化和科技化，但是却缺乏生气。如果是粉刷出来的颜色，而且容易被岁月改变颜色，变淡或者添加杂色特别是黑色。绿色让人觉得有生命，一般不会用翠绿色，太扎眼，但会用添加了黄色的绿色，或者墨绿色。墨绿色不是那么温暖和活泼，但是确实也像深紫色那样，是禁得住时间考验的颜色。

单纯靠书本和研究搞不出艺术来，你必须去生活，去体验和发现美，去感受和领悟，走到艺术之外的领域，你才能把握它的全貌，准确地定位。当你走进高耸入云的住宅小区时，那整齐的布局和规范的设计，令你望而生畏，肃然起敬，人类已经远远超越了自然的限制，把楼房盖得如此之高，层层叠叠，你会为此而自豪。

四、色彩与风格

蓝色和深紫色是深色，它们具有的浪漫和美不像红色和黄色那样明显，但是它们就算长时间观看也不会审美疲劳。某人对某颜色的喜欢代表这人的性格。红色是热烈、冲动、强有力的色彩，它能使肌肉的机能和血液循环加快。由于红色容易引起注意，所以在各种媒体中也被广泛地利用，除了具有较佳的明视效果之外，更被用来传达有活力、积极、热诚、温暖、前进等含义的企业形象与精神。

黑色与白色是对色彩的最后抽象，代表色彩世界的阴极和阳极。太极图案就是以黑、白两色的循环形式来表现宇宙永恒的运动的。黑色意味着空无，像太阳的毁灭，像永恒的沉默，没有未来，失去希望。而白色的沉默是有无穷的可能。黑白两色是极端对立的色，它们又总是以对方的存在显示自身的力量。它们似乎是整个色彩世界的主宰。

在色彩体系中灰色是最被动的色彩了，它是彻底的中性色，依靠邻近的色彩获得生命。灰色意味着一切色彩对比的消失，是视觉最安稳的休息点。

欧洲建筑从古希腊和古罗马建筑开始，历经哥特式建筑、文艺复兴建筑、巴洛克建筑、洛可可风格、浪漫主义建筑、古典复兴建筑等因为均是用石材建造，因此都具有白色，或者历经风吹雨打后，变成米黄或者卡其色。直到19世纪，才进入近代建筑风格，出现了功能主义建筑、折中主义建筑、现代主义建筑、后现代主义建筑、有机建筑等才加入了多种形式和色彩。超越现代的建筑，形式和色彩越丰富。欧洲郊外的城堡是封建领主地位和财富的象征，建在绿色的原野上，或者山林之间，也有些城堡修筑在险要地带，它们一般用石块堆砌而成，石头的颜色一般是白色，时间久了就带点卡其色，显得格外雄伟壮观的同时，也有点温暖的感觉。

中国的古代建筑多用红色，红色在中国并不代表警告和热血奔腾，而是美丽，或者说"好看"，建筑物的柱子、梁、椽子甚至墙、门窗都是红色。其他用得最多的还有黄色或者金黄色。黄色一般代表皇家的颜色，宫殿里的瓦是琉璃瓦，呈现金黄色，墙也会刷成黄色。普通的建筑是银灰色或者黑色的瓦，白色或者灰色的墙，土色或者土红色的墙为主。总之，中国古代最受青睐的是漂亮气派的红色，富贵醒目的金黄色。由于岁月的腐蚀，普通人家屋顶的银灰色瓦片变成了黑色，大红色的门窗、墙面、柱子和梁变成了土红色，金黄色也变成了淡黄色。其实不只是中国，整个东亚和南亚的建筑都和中国差不多。

欧洲和北美的房屋的布局很规范，道路宽敞，房屋也是整齐划一，规格和材质都基本统一，墙面都以白色、黄色、土红色为主，屋顶以白色、红色和灰色为主，方方正正，一般放置在郊区，有较宽广的室外面积。而材质大多数是自然界中的材质，例如木头、砖瓦、石头，很少用钢筋水泥。一个个标准的家庭建筑排列在一块，形成一排一排的规范的布局，它说明了这些国家的有序和科学。同时每个人都有自己的空间，有自己的个性的花园和草坪，有自己独特的室内装饰。这和第三世界国家的鱼龙混杂、五颜六色的平民区形成鲜明对比。

五、色彩与情感

国外曾发生过一件有趣的事：有一座黑色的桥梁，每年都有一些人在那自杀。后来把桥涂成天蓝色，自杀的人显著减少了；人们继而又把桥涂成粉红色，在这自杀的人就没有了。从心理学角度分析，黑色显得阴沉，更会加重人的痛苦和绝望的心情，把人向死亡推进了一步。而天蓝色和粉红色使人感到愉快开朗，充满希望，使人从绝望中挣扎出来，重新燃起生命之火。从人生观来说，我们应该有正确的人生观和价值取向，有坚强的性格和毅力，学习生产生活的技能，学习科学文化知识，这才是解决问题的关键。

蓝色、深紫色、墨绿色等深色可以让人冷静下来，朴实而内向，是一种有助于人头脑冷静的颜色。蓝色的朴实、内向，常为那些性格活跃、具有较强扩张性的人，提供一个深远、平静的空间，成为衬托活跃色彩的友善而谦虚的朋友。红色、大紫色、橙色恰恰相反，是令人活跃的颜色，斗牛士用的红布，就是挑衅牛并使之变得狂热的颜色，红色一般出现在娱乐场所、运动场、交通警告设施中，就是起到提神的作用。鲜血也是红色，血是生命的象征，可是有些人却晕血，怕血，除了屠夫，应该很少有人看见血会兴奋，而是恐惧和不安。紫色则是次于红色的兴奋色，有些人涂红色的口红，很扎眼，很做作，并不美。而如果涂成紫色，就会显得平和而有内涵一些。

　　建筑审美是一个永恒的话题，随着人们生活水平的提高和时代的发展，对建筑审美的追求甚至逐渐超过了实用的追求。因此，开发商要把握消费者的审美需求，让消费者从色彩带来的愉悦而产生购买的冲动。

第四章
建筑幸福的心理感受

建筑，对应着我们自己的内心世界，幸福的建筑总是带给人以温馨和安慰，快乐和自足，愉悦与安详。建筑的心理感受包括对建筑的理解、感觉、认知、体验。

建筑是现实空间，带给人一种空间的充实感和安全感，这是幸福心理的一个重要前提。而心理空间则是一种虚空间，它主要在人的内心深处产生一种幸福的体验，感悟和瞬间的哲思。生活在幸福中的人总是充满安全感的，就好像是一个盛满水的容器，是充实而饱满的。没有空虚也没有恐慌，带给我们一种踏实感、安全感和温馨感。许多标志性的建筑，如罗马万神庙或中国的佛寺建筑，布达拉宫还是颐和园，它们都是一种精神信仰的象征和载体，心的栖息之地，灵魂的安定之所，幸福的不竭源泉。这是一种精神上的幸福感受，是一种心理的完满和自由的精神境界。建筑所在，心灵之依。那些亭台楼阁不仅仅建构起一个个美丽幽静的生活环境，更重要的是建构起我们内心的精神家园。所以，建筑空间艺术和幸福心理体验是二重的统一载体。

建筑，对应着我们自己的内心世界。幸福的建筑，总是带给人以温馨和安慰，快乐和自足，愉悦与安详。当你怀着欢呼雀跃的心情走进这一座又一座建筑，你的内心肯定也会激起幸福的涟漪。它让你体会到生活的美丽与丑陋，开阔与狭隘，包容与排斥，博大与渺小，巍峨与猥琐。每一座建筑，都是一个独特的存在，它给人的感受也不可替代。我们看到它，或者不看到它，都无关紧要。它会存在在你的心灵的某个角落，等待你内心柔软的琴弦拨动，等待你深情的召唤，这时候，它会出现，会在你大脑中清晰地展现一幅幸福的画面，一段温馨的往事，一个熟悉的声音，一缕动情的回忆，一个激动的瞬间。打开你的记忆，它随着这狭小的空间而自由展开。

这是一种自由的幸福，这也是建筑的内涵与心灵的感悟相连而带给我们对生活和人生的独特感受。人活着，不仅仅是满足躯壳的生活需要。在物质之上，建筑将要追求的是一种空间艺术心理和幸福感受，一种精神的满足感和愉悦感，一种自我存在的真实感和安全感。爱之所以爱，是对生活彻悟后的清醒，也是艺术时空带给我们的另一番空间之外的完美追求。

第一节　建筑的物质保障与幸福感

一、幸福的物质保障——建筑

生活在幸福中的人总是充满着安全感的，幸福感和安全感如影随形，而这种感觉的得到归根结底还是一种物质的满足与愉悦。丰富的物质带给我们一种踏实感、安全感和温馨感。人类要生存，首先得有物质条件，要吃穿住行就得有起码的物质生活的保障。特别是马克思唯物主义将这一点规定得更加严格，物质决定精神和意识，社会的发展也是经济基础决定上层建筑，都说明了物质基础的重要性。只有物质生活得到满足，超越于物质基础之上的人，才有更多的快乐和幸福。那些为了生存和生活而奔波的人，为了吃穿忙于奔命，幸福的指数必然很低。建筑成为人生存的基本物质条件之一，吃穿住行是必需的生活条件。所谓安居乐业，就是要先有居住的保障，然后才能放心地投入工作。

二、幸福感——建筑承载的永恒记忆

人的精神和意识可以通过书画、语言、图像、录像等来表现，还可以通过物体来表现，建筑物就是表现的载体之一。幸福通过建筑载体来传达。世界上伟大的建筑，很多都有着民族的象征，都代表着一个民族的传统文化。而很多民居，也是传统文化和习俗的载体，它反映了一个民族和国家的生活习惯与传统文化。当你徜徉于民族文化之林，你的内心是不是会有一种莫名的感动呢？为生命的坚忍与生命力的顽强而发出由衷的赞叹，对小小生灵的美丽而惊叹。我们的幸福与世界融为一体。我们生活在这样自由，美丽而和平的社会里，我们是幸福的。

中国的长城带给我们一种庄严的幸福。它建成至今达两千多年，总长度达五千万米以上。我们今天所指的万里长城多指明代修建的长城，它西起中国西部甘肃省的嘉峪关，东到中国东北辽宁省的鸭绿江边，长六百三十五万米，给当时的人们强烈的安全和满足感，有了它就可以防御外敌入侵，和平建设国家。它像一条矫健的巨龙，越群山，经绝壁，穿草原，跨沙漠，起伏在崇山峻岭之巅，黄河彼岸和渤海之滨。古今中外，凡到过长城的人无不惊叹它的磅礴气势、宏伟规模和艰巨工程。长城是一座稀世珍宝，也是艺术非凡的文物古迹，它象征着中华民族坚不可摧、永存于世的意志和力量，是中华民族的骄傲，也是整个人类的骄傲。

长城是我国古代劳动人民创造的奇迹。自战国时期开始，修筑长城一直是一项大工程。据记载，秦王使用了近百万劳动力修筑长城，占全国人口的1/20！当时没有任何机械，全部劳动都得靠人力，而工作环境又是崇山峻岭、峭壁深壑。可以想见，没有大量的人群进行艰苦的劳动，是无法完成这项巨大工程的。

长城

长城连续修筑时间之长，工程量之大，施工之艰巨，历史文化内涵之丰富，确实是世界其他古代工程所难以比拟的。它作为人类伟大的创造力的象征而永远存在着。它不仅成为一种建筑，更是中国人心中的精神坐标。

金字塔是古埃及文明的代表作，是埃及国家的象征，它呈现给我们的是另外一种风情的幸福。埃及金字塔是埃及古代奴隶社会的方锥形帝王陵墓，世界七大建筑奇迹之一。数量众多，分布广泛。开罗西南尼罗河西古城孟菲斯一带最为集中。吉萨南郊8千米处利比亚沙漠中的3座尤为著名，称吉萨金字

金字塔

塔。其中第四王朝法老胡夫的陵墓最大，建于公元前27世纪，高146.5米相当于40层楼高的摩天大厦，底边各长230米，由230万块重约2.5吨的大石块叠成，占地53900平方米。塔内有走廊、阶梯、厅室及各种贵重装饰品。

马来西亚首都吉隆坡的双子塔是吉隆坡的标志性城市景观之一，是世界上目前最高的双子楼和第四高的建筑物，是马来西亚经济蓬勃发展的象征。世界著名的建筑大师西泽配利是这座大楼的设计者。双子大厦即国家石油公司双塔大楼，位于吉隆坡市中心美芝律，高88层，是当今世界名冠第一的超级建筑。巍峨壮观，气势雄壮，是马来西亚的骄傲。它以451.9米的

双子塔

高度打破了美国芝加哥希尔斯大楼保持了22年的最高纪录，成为当今世界独一无二的巨型建筑。它是马来西亚国家石油公司用

20亿马币建成的，一座是马来西亚国家石油公司办公用，另一座是出租的写字楼，在第40～41层之间有一座天桥，方便楼与楼之间来往。从吉隆坡市内各处都很容易见到这座大厦。大厦非常壮观，就像两座高高的尖塔刺破长空。双塔大厦于1998年完工，高1483英尺（452米），它是两个独立的塔楼并由裙房相连在两座主楼的41和42楼一座长58.4米、距地面170米高的空中天桥组成。独立塔楼外形像两个巨大的玉米，故又名双峰大厦。曾经是世界最高的摩天大楼，直到2003年10月17日被台北101超越，但仍是世界最高的双塔楼，也是世界第四高的大楼。

HSB旋转中心（HSB Turning Torso）是瑞典马尔默的摩天大楼，由西班牙建筑师圣地亚哥·卡洛特拉瓦设计，在2005年8月27日正式开幕。H9B旋转中心楼高190米，54层，是欧洲第二高的住宅大厦，斯堪的纳维亚最高的建筑物。建造旋转中心的一个原因是，2002年马尔默的旧地标、造船业起重机Kockumskranen（原址离旋转中心不到一千米）迁移。旋转中心便可作为马尔默的一个更国际化、更现代的新地标。HSB旋转中心分九个区层，每个区层五层。每个区层的方向都跟下面的区层不同，其中最高的一层和最底的一层成直角，看起来整座大厦好像转动了一般。第一、二个区层用作办公区用途，第三至九个区层用作住宅，而最高的第53、54层是会议室。

HSB 旋转中心

住宅区中，每层有三至五个单位。

三、中国人的传统观念与房地产发展

在中国人的传统观念中，房屋和建筑具有更深刻的意义，中国人讲究"安居乐业"。把安居置于生活的前提条件，房产是相对稳定的财富和居所，能给人带来稳定的生活。再加上建筑的建设和投入耗资相对较大，因此建筑成为中国人传统固有观念中财富甚至权威的象征。这一点超过了其他很多国家和地区的民族，房屋本身具有使用价值，而房屋和建筑甚至更具有精神价值，代表了一个人或者一个家族的地位和尊严。西方人也重视房屋，但是正如西方人更重视人本身一样，他们会以平淡的心态来看待事物，尊严和权威没有生活重要，西方人更多的时间会投入踏实平凡的生活体验之中，寻找人生的价值和快乐。中国人强调"人在物在，人亡物亡"，而西方人强调的是人本身，其他物体都是工具，都是实现人的价值，寻找人的幸福的工具。战争结束，中国人把刀和枪谨慎地收藏保管起来，西方人在战争结束之后，把刀和枪一扔，干别的事情去了。太重视物质，太重视权力，太重视财富，就会忽略了人本身，没有钱的人就变得没价值，人被财富和物质绑架，所以很多人变成了物质的奴隶。

改革开放给房屋的私有带来了可能，房地产因市场化而蓬勃发展。

中国房地产市场发展的历史分为下面几个阶段：第一阶段，理论突破与试点起步阶段（1978 年至 1991 年）。1978 年，理论界提出了住房商品化、土地产权等观点。1980 年 9 月，北京市住房统建办公室率先挂牌，成立了北京市城市开发总公司，拉开了房地产综合开发的序幕。1982 年，国务院在四个城市进行售房试点。1984 年，广东、重庆开始征收土地使用费。1987 至 1991 年，是中国房地产市场的起步阶段。1987 年 11 月 26 日，深圳市政府

首次公开招标出让住房用地。1990年，上海市房改方案出台，开始建立住房公积金制度。1991年开始，国务院先后批复了24个省市的房改总体方案。第二阶段，非理性炒作与调整推进阶段（1992年至1995年）。1992年，房改全面启动，住房公积金制度全面推行。1993年，"安居工程"开始启动。1992年后，房地产业急剧快速增长，月投资最高增幅曾高达146.9%。房地产市场在局部地区一度呈现混乱局面，在个别地区出现较为明显的房地产泡沫。1993年底，宏观经济调控后，房地产业投资增长率普遍大幅回落。房地产市场在经历一段时间的低迷之后开始复苏。第三阶段，相对稳定协调发展阶段（1995年至2002年）。随着住房制度改革不断深化和居民收入水平的提高，住房成为新的消费热点。1998年以后，随着住房实物分配制度的取消和按揭政策的实施，房地产投资进入平稳快速发展时期，房地产业成为经济的支柱产业之一。第四阶段，价格持续上扬，多项调控措施出台的新阶段（2003年以来）。2003年以来，房屋价格持续上扬，大部分城市房屋销售价格上涨明显。随之而来出台了多项针对房地产行业的调控政策。近十年来，房子的价格疯涨，更使人们把购房作为追求的方向。

第二节　建筑空间的舒适与幸福感

一、空间舒适感

每一座成功的建筑都带给人们不同的心理体验。无论是气势挺拔的还是精致秀丽的，都会在人的内心深处展现建筑的审美艺术体验和丰富的独特性。随着社会经济的发展，建筑在我们生活中扮演着越来越重要的角色，也带给我们不同的幸福的感受和心理体验。很多建筑师首先考虑建筑的稳定性和经济性，在施工时考虑到上面两个因素，而忽略了住房结构的人性化和舒适性。有的建筑在室内装修和布局时，常以利润出发，宁可减少建筑的成本而降低对人的舒适感的考虑。所以建筑师在进行设计的时候，在保证建筑的稳定性和经济性的同时，应该尽量照顾人居住时的舒适性，提高人居环境和质量。好的房屋常常通过剪力墙和砖混结构将梁柱掩藏，不至让人感到视觉上的压抑。事实上，随着人们物质生活水平的提高，人们越来越追求精神层次上的需求，把艺术和审美当作高层次的需要。

（一）建筑空间艺术和幸福心理体验

幸福的建筑是一种精神信仰的象征和载体，心的栖息之地，灵魂的安定之所，幸福的不竭源泉。这是一种精神上的幸福感受，是一种心理的完满和自由的精神境界。建筑所在，心灵之依。那些亭台楼阁不仅仅建构起一个个美丽幽静的生活环境，更重要的是建构起我们内心的精神家园。所以，建筑空间艺术和幸福心理体验是二重的统一载体。

现代社会，建筑风格多异，各种建筑设计元素充斥其中，各种风格融汇成一个个精致得近乎完美的建筑体。欧式的、古典的、现代的、传统的，都是一种艺术美的展现。无论是建筑的外观还是内在的装修设计，都无不体现在高科技时代信息化、商业化和科技化的整合与统一。现代高科技技术手段的运用都将大大提升现代建筑的幸福体验，将每一个细节都做到精确，完美无缺地表达着建筑设计者和缔造者的建筑理念，将幸福的感受通过这些细微元素传到民众的神经末梢。建筑，就是让人们能体验到生活的快乐、满足、自由、舒展，让人们对自己的生活和人生有着自信和成功的喜悦。不拘泥于一个狭小的空间，而能在有限的空间里展现一个充满魅力与遐想的魔幻空间。建筑，将带给人们另外一个世界，一个充满无限可能性的世界，彻底摆脱城市水泥盒子的狭窄视野，进入一个生命的灵动境域。

建筑，让幸福成为可能，让我们跳动着的内心有了一个幸福的家。在城市的每一个角落，让为生活奔忙的人群有了一个精神目标，一幕幕幸福的人生画面就将在这有限的空间里上演。温馨而平凡的生活其实并不简单，也不单调，它就是我们生活的全部，也是我们生活幸福的真谛。我们幸福，我们存在，我们自由，我们快乐。这一切，源于一种快乐的本原——建筑。

当我仰头望着天空，充满着魅惑的城市之影——那一栋栋形态各异的高楼大厦带给我们以威严和雄伟；当我们走在幽静的林间，转角瞥见乡间小屋的娇小的身影，我们感受到生活的安详与恬静；当我们虔诚地走进欧洲的教堂，我们感受到生命的渺小和神的力量；当我们一次又一次在祖国的大好河山中流连忘返地追寻那些建筑的美丽身影时，我们内心总是充满着一种无名的感动，对生活的热望和自由的渴望。

建筑，对应着我们自己的内心世界。幸福的建筑，总是带给人以温馨和安慰，快乐和自足，愉悦与安详。当你怀着欢呼雀跃的心情走进这一座又一座建筑，你的内心肯定也会激起幸福的涟漪。它让你体会到生活的美丽与丑陋，开阔与狭隘，包容与排斥，博大与渺小，巍峨与猥琐。每一座建筑，都是一个独特的存在，它给人的感受也不可替代。

这是一种自由的幸福，这也是建筑的内涵与心灵的感悟相连而带给我们对生活和人生的独特感受。人活着，不仅仅是满足躯壳的生活需要。在物质之上，建筑追求的是一种空间艺术心理和幸福感受，一种精神的满足感和愉悦感，一种自我存在的真实感和安全感。

建筑空间是狭小的，也是独特的，但就是这种狭小的建筑空间中，每一座独特的建筑形体，随着他们的产生和存在，诠释着室内外不同的艺术空间，展现不同的艺术天地。这是怎样的一种艺术感受？室内外空间又左右着人们的心理感受，体现了人们对建筑空间的不同把握和深刻的生命体验。你要怎么把握这个独特空间，建筑也将怎样来把握你的内心感受。这是一种互通的关系。不管是空间还是造型，都是一种来自人内心的建筑设计理念所引起的结果。而你，作为这个结果的见证者和感受者，将有着一种不一样的心境和深刻的内心体验。当你走进这一座座大楼，瞬间你将产生一种对自我的把握和主宰，对幸福的渴望和自信的体现，在建筑中完成你的人生规划，实现你人生的梦想。也许我们很知足，也许我们在对建筑的欣赏和体验中有着超然的感动和对生命虔诚的祈祷。我们生活在城市森林中找寻最初的梦想，也终于可以为自己的内心而真实地生活。

生活是一种体验，对于人们来说，不同的建筑也是一种体验。这体验中有人们自身的各种空间心理需求。不管是舒适，还是安全，不管是自我释放还是世界的展开，都是一种独特而真实的心理需求。舒适安全带给人的是一种居住度上的幸福感，自我释放和世界展示带给人的是一种心理的审美愉悦。不管是美丽还是丑陋，是博大还是狭隘，都是一种对比的心理感受和体验。不管是你渴望通过建筑来享受安全带给你的快乐，还是想避免暴露带给你的痛苦，这都是追求幸福的心理冲动。在空间的狭隘与豁达的心境的对比中，追寻宁静的心境和追求幸福的感受。你可以感受到温暖和安全，免去尘世的繁杂，来到这静谧的空间，你不会因为暴露自己的心情和身体而感到不适应。或许也曾经历过心灵的挣扎，在失落和幻想中自由穿梭，这建筑的空间距离和时间距离中保持一种自由的惬意，在隐私和开阔中进行心与心的交流。建筑在满足我们基本的居住功能、使用功能的同时，还让艺术的建筑空间负载着建筑的艺术和建筑的内涵：这是建筑带给我们的艺术空间审美感和幸福心理感受。

（二）建筑空间艺术与幸福意识的产生

空间艺术一词，它源于德语 Raumkunst。文艺理论家 G.E. 莱辛在建筑艺术学中运用了这一概念。在建筑空间艺术中，造型艺术能给人最羡慕的艺术感受，冲击着人的视觉神经。造型艺术对于建筑空间艺术来说是一种体现建筑设计师的设计理念的重要元素、必要手段和重要条件。建筑的造型艺术是运用各种不同材质的建筑材料来创造出一些可视的静态空间形象，通过色彩、光影、线条、灯光、材质等艺术元素来展现现实生活中的建筑形象。这些造型的设计主要是根据建筑的用途、大小，用各种不同的建筑材料如木、石、泥、玻璃、金属等建构不同的建筑造型，创造一种美的固态形体。不管这美的艺术形态以什么样的形式出现，这充满魅力幸福感受的载体存在在这有限的空间中。而能在有限空间里表现出直接的美感的，首屈一指当然非造型艺术莫属。

不管怎样，幸福感与空间艺术造型也有着密切联系。幸福感的程度在本质上是对造型艺术存在方式的把握。建筑造型艺术中的种类有很多，建筑的空间性质也有很多相同或者不同之处。每一种类型都带给人不同的心理体验。就一般情况而言，建筑的空间意识主要存在于我们的视觉、触觉、运动感觉和心理感觉中。心理感觉尤为明显。当你看见高大挺拔的建筑群落的时候，你的心情是充满着一种敬畏之心的。当你看到一些自然清新的田园建筑的时候，你的心境是很安详静谧的。这些都将带给我们不同的幸福感受。当你带着这些不同类型的意识来感受我们的感知空间时，你将走向不同的心理历程。幸福，将从此产生。

当然，幸福感对于每一个人都是不同的。幸福的定义对于群体社会中的个体都是不一样的。建筑的幸福体验不同，建筑带给我们的幸福心理就不同。建筑的性质或者用途不同，它从心理学的角度来说就具有不同的价值。我们用有限的视觉空间、触觉空间、运动空间及心理空间来不断扩展我们的精神视域，来展现一个广阔的自由空间。这个空间是绝对而充满无限可能性的，不仅仅具有实用价值，也具有重要的艺术价值。"艺术"这个术语当我们用在审美方面的需求心理上时，可以是开放性的。这些关于幸福的心理体验可以以各种审美的形式呈现出来：优美的、淡然的、和谐的、温馨的。弧形的造型带来一种浪漫的诗意；圆形的造型带来一种圆满的寓意；矩形的建筑带给人一种严谨的理想；椭圆形的建筑是一种和谐的美。美丽的线条总是出现在精致的设计之中，与自然融为一体，化有神于无形。这些设计理念，或严谨，或雍容，或豁达，或神秘，总是带给人一种生活的独特心理感受。在我们身边，在你的眼睛所能看到之处，都是一个又一个关于幸福的神话的建构与重造。它们时刻以不同的方式来演绎着建筑的审美感受，带给人以不同的心理体验。

在营造生活空间的同时关注这些审美心理，营造各式各样的空间艺术，这样的空间也就是艺术的空间。以空间为存在方式的艺术，一般包括建筑艺术、雕塑、绘画、工艺美术、书法、篆刻等种类。所谓空间，即物质的广延性，最终根据人的心理感受被区分为实空间和虚空间，或者私密空间、公共空间等类型。因而，建筑艺术这种最狭义的空间种类是为满足人类各种生理、心理的需求而营造的空间典型代表。建筑可以在现实中利用不同性质的空间来驾驭人的心理。与此同时，根据人的不同心理需要和审美需要也可以创造各种各样的室内外建筑空间，并且满足他们的各种生活需求。建筑空间（不管是公用建筑还是民用建筑）都是人类生存的必要需求之一，与人的生活质量和幸福指数密切相关。在繁忙的现代社会，无论你生存在经济文化条件落后的古代社会还是经济文化先进的现代都市社会里，建筑艺术的审美和幸福感都是实实在在的，都可以让人们在虚虚实实、纷纷扰扰的世界里满足自己的心理需要，让他们真实地感受到一种生存的幸福感和存在感。

在建筑体积内，特别是居住建筑的一个个适宜的建筑小空间，如果经过精心的设计，可以满足人们多样化的审美需求和心理幸福感，满足人们安全、温暖的心理需求。一些公众建筑比如佛寺、庙宇、佛塔、教堂等都可以满足我们心灵祈祷、净化的需求，提升自身的精神境界和幸福感。它们都是幸福心理的实物载体，是一个又一个幸福感、存在感的证明。那么另外的公共建筑比如写字楼、办公楼、商业楼、医院等，人流量密集的公共区域如地铁、车站等，可以满足人们交通、工作、交流、娱乐等需求。这些建筑都具有很强的实用性，但是对我们幸福生活来说，它们都是一种实实在在的物质保障。如果没有这些公共建筑，今天现代化社会中的人们的幸福生活也是一句空话。

（三）建筑空间类型与建筑幸福心理

建筑空间类型与建筑幸福心理密切相关，也成为提高建筑幸福指数的一个重要因素。依据建筑形体的不同造型，进而可以产生多种多样的空间类型，带来不同的审美感受。比如建造一个比较封闭的私密空间，有家一样的温馨感和舒适感；建构一个开放、半开放的共享空间，让人们在生活、工作和娱乐中获得生活的满足感、成就感、存在感和快乐感；建造一个高实体围护起来的建筑空中领域，比如体育馆、游泳馆等其他运动场所，带来一种生命的灵动和充实感；运用各种建筑设计建造一些在听觉、视觉上都有很强隔离性的封闭空间，比如餐厅、酒吧等，密封性很好的室内环境带给人一种安全感。我们也可以建构一个个没有确定的围合界面和围合实体，组成有界限的建筑实体，这样的建筑包围感比较弱，但是敞开性要好些，而且这样的建筑体与周围环境的交流、渗透性很大，带给人一种开阔的视野和交流感较强，可以说是一些敞开的公共艺术感知空间，这是敞开的精神境域和物质境域的结合。从幸福的心理感受来说，也是能产生精神共鸣和幸福感的重要来源。敞开的建筑空间也可以分成绝对分隔的实空间和无明确界限的虚空间。无论是哪种类型，都是现实生活中不可缺少的重要文化生活交流场所，也是精神满足的重要空间。可以说是不定空间在已经确定的有限空间世界里，让人感觉界限分明的场，即实空间。你很容易看见它的界限。与之相似，界限不是很明确的空间就是虚空间，也叫心理空间。在虚空间里产生的心理空间，有心理的向外延展的空间。

在实际的建筑中，建筑设计者可以根据建筑的不同类型带给人的心理感觉，来恰当选择材料。诸多空间类型存在的条件或者前提，精心设计建筑空间的详细方案，也就是建筑空间种类和幸福心理产生的依据问题。也是人的生理以及心理需求问题。实空间的特点是稳定、安全和封闭。它是有限的、私密的，符合内向的、拒绝的心理性格，具有极强的领域感。虚空间其实就是人的心理空间，因此它是不稳定的、开放的、无限的空间，易使人产生极大的联想和发挥。民居建筑是人休息放松的场所，设计上要以人为本。不断提高设计水平，从而使建筑结构和空间布局达到能使人缓解疲劳、身心放松的效果。

（四）空间舒适感和生理的关系

人体和人体活动的尺寸和建筑物的尺寸密切相关，根据建筑的用途不同，其尺寸和对人的心理的影响效果也不同。一般来说，建筑空间可以划分为诸如亲密空间、适宜空间、公共空间。在公共场所人与人的安全距离是以人为中心，半径为一米的范围。亲密的人最好保持这个距离而不会显得疏远，陌生人则最好保持在这个距离之外，以免引起别人的反感。例如，有人在提款机最前面取款，后面的人最好在一米以外等候。

建筑物内部的空间不可太大，也不能太小，其尺寸应该与人的尺寸相关，例如公共卫生间要根据人的尺寸来设计，太大则显得空旷，太小则显得局促，以实用为佳。居住空间也是一样，既不能狭小也不能超大，在虚实空间结构上给人以适合的尺寸，让人感到舒适就行。虚实空间的不同搭配，可以让人心理上产生压抑感、神秘感或者崇拜感。

（五）空间心理体验

根据人的心理需求，人们对不同空间的心理反应，使得设计和创作出适当的空间也成为一门艺术。而且，这种艺术一直伴随着各种建筑空间类型的存在，很好地阐释了人们对空间艺术与心理艺术关系的把握。

古文明时期的人类就十分注重空间对人心理的把握，这尤其体现在宗教建筑空间里。古希腊的建筑就是绝妙地适应了人体的尺度，因此使人感到宁静的美。古罗马建筑发展了室内空间，虽然相邻的各空间彼此独立，并且每个空间都使用了对称的几何化构图，强化了中心感。然而，在宗教建筑中，经常采用超出人的尺度塑造出强大的室内空间，借以体现宗教的力量和权威。罗马万神庙直径 43 米的穹顶坐落在厚达 6 米的水泥实墙上，在以后的 1500 多年里保持着世界纪录。圣索菲亚教堂的中央穹顶的直径只有 32 米多，但却高达 55 米。它在四周的半圆顶和柱墩的拱卫下，创造了比罗马万神庙更为宏伟、宽阔、亮丽的空间。这是个体现着复杂的穹顶组合的巨大空间。信徒们在这样的空间里祈祷，让人感觉到自身的渺小，因而产生对上帝的景仰和敬畏。当人们穿过前廊和教堂大厅之间的门时，它的内部空间就突兀地、极富戏剧性地展现在人们面前，显现了它全部的神秘感，人们的眼睛随着拱顶的引导一直望到高远的圆顶之巅，这是令人目眩神迷和灵魂震撼的充满魔力的空间。当时的历史学家格罗庇乌斯也没能抑制他的诗情，他说："一个人到这里来祈祷的时候，立即会相信，并非人力，并非艺术，而是只有上帝的恩泽才能使教堂成为这样，它使人的心飞向上帝，飘飘荡荡，觉得离上帝不远……"

哥特式建筑，到了中世纪，连续的尖拱券和飞扶臂，塑造了无限远、向上的缥缈空间。空间尺度和人体尺度形成了极强烈的对比，人置身其中，显得如此渺小，像完全笼罩在上帝的庇护之下。如巴黎圣母院，连续的尖拱顶引导着人们走向祭坛，使得中殿显得更宽敞了。向上望去，成倍地架高早期基督教堂巴西利卡低矮的屋顶，两列的柱子和扶臂就像有魔力的神树，不停向上伸展生长，在高空伸展出无数枝条（肋拱）。这些"枝条"在令我们目眩的高处汇合在一起。厚重的墙壁消失了，灿烂的阳光穿过布满巨窗上的彩色玻璃漫射进来，我们仿佛置身于幻境之中。建筑艺术家正是绝妙地利用了高耸的拱券在教堂的内部创造了一种向上的无限的心理空间，以满足宗教场所所需的迷离、神秘的艺术气氛。东方的佛教建筑中，采用适宜的建筑空间比例，以衬托超大空间、偶像实体空间，同样会让人产生崇拜感。

在现代建筑空间里，为了极大地满足现代冷漠的都市人群交流、并存、保持适宜距离等复杂的心理渴望，尤其是有机建筑的口号提出后，建筑技术日新月异地发展提高，为人们的这种需要又提供了可能的情况下，空间艺术又丰富了新的内容。人们可以最大限度地将有限度的室内封闭空间过度延伸到室外，也最大限度地把室外无限开阔的景观、景物、空间介入室内来。于是，公共场所大跨度空间的中庭产生了，通透的玻璃幕墙技术得以开发应用，城市广场的兴建，景观建筑艺术的兴起，再次丰富了建筑空间的内涵，增加了艺术韵味，更加人性化地满足人们对审美、功能、技术的协调统一要求。

由此可见，建筑造型的艺术性决定了空间的艺术性，同时二者又受人对空间艺术的心理制约，反作用于人的心理，互相依赖、互相依存。有好的建筑艺术的造型，才会有艺术空间的存在，才能满足人们对空间艺术的需求，了解三者之间的关系引导我们去开拓空间、感受艺术、建设实体，有助于设计师设计艺术空间以及人们欣赏感受空间艺术。

二、温度舒适感

舒适度指数是指人对气温、湿度和风的综合感受，分为极冷、寒冷、偏凉、舒适、偏热、闷热和极热 7 个等级。房屋的舒适度首先是指房屋的空气温度、湿度、空气对流速度和环境平均辐射温度。气温随着季节和太阳高度而变化，还受到天气的影响，夏季一般室内温度在 26 ~ 28℃之间，高级建筑和人停留较长时间的建筑取低值，一般建筑和人停留时间较短的建筑可以取高值；冬季一般室内温度在 18 ~ 22℃之间，高级建筑和人停留较长时间的建筑取高值，一般建筑和人停留时间较短的建筑可以取低值。空气中的水分多少称之为湿度，湿度一般在 40% ~ 60% 之间，湿度在偏离中间值很大时，才会对人造成影响，例如北方冬天的室内干燥，湿度低于 35% 时，会感觉干燥。南方夏季多雨，温度和湿度都较高时，给人感觉"闷热"。室内的空气流通也很重要，以适当的速度流通新鲜空气，才会使室内的人获得足够的氧气，排出二氧化碳等废气。如果长期没有通风的室内空气，有害气体就会从墙体、家具、用具、地板中散发出来，造成污浊和异味，对人体是有害的。南方地区的气候较适中，室内室外温差不大，可以很好地开窗通风，新鲜空气较多。而北方在冬天和夏天室内外温差都很大，不便于直接开窗通风透气，因此室内空气较为沉闷，只能通过空调来解决。另外墙体、地面和天花板等建筑物会辐射微弱的热量，一般该辐射温度和气温相差不应该大于3～5℃，相差不大时，人体不能觉察其差别。但是如果夏季受到阳光强烈烘烤过后的房屋辐射出较高的热量，就会给人以蒸笼般的感觉；而北方冬天建筑物的表面较冷，靠近会给人以寒冷的感觉。

根据调查人使用的能量（包括电能、热能、化学能等等）45%是在建筑物内释放的，那么当这些能最后都转化为空气的内能之后，气温就会改变。有些设备直接就是用来改变和调节气温的，例如空调、暖气等，效果较为明显，有些是间接对气温产生影响，例如冰箱外壳发热、电磁炉的余热、食物和其他物品的冷却释放出的热能，就不那么直接和明显，但还是有所改变。另外人处于建筑物中的时候，自身也会释放能量，辐射量一般小于建筑物辐射量。人自身释放的热量也改变了室内的气温，在人少和通风情况下，改变并不明显，但是在人多和不通风的情况下，空气温度就会增加，空气变得闷热和污浊。在大型公共场所中，要安装大量通风设备，一来可以增加新鲜空气排出废气，二来可以降温。当然不同的人对气温的要求和适应程度也不同，根据人的年龄、性别、体质和习惯而定，例如胖人怕热，是因为自身已经释放很多的热量、散热性差等原因。瘦人怕冷是单薄的自身不能保暖，且散热性较好的原因。另外，人对气温的舒适性还来自人自身所穿的衣服，衣服的阻热性影响到人与外界的热量传递。人的运动量大小，也是影响温度舒适性的因素之一，活动量越大则人自身的发热量越多，体温也就越高，此时就需要外界气温低一点，以便于更好地释放身上多余的热量。相反，如果人自身的活动量很小，则自身发热量小，此时需要外界的气温高一点，不至于散失太多的体温，保持身体的温暖。

其实人是具有创造性的生物，不会一味地只去适应环境，大多数时候会改造环境，以适应我们的需要，例如门窗的布局，窗帘的设计，电扇和空调的使用，暖气供应等等。在室内北方的冬天一点也不比南方难过，空调和暖气很舒服，这也是人类改造自然的结果。另外，要通过建筑材料自身过硬的质量和特性，抵抗外界气候的变化，在低能耗的情况下，保持室温。20世纪70年代，欧洲经历两次能源危机后，开始大量投入研究低能耗建筑和建筑材料，例如绿色建筑。绿色建筑是指在建筑的全寿命周期内，最大限度地节约资源（节能、节地、节水、节材）、保护环境和减少污染，为人们提供健康、适用和高效的使用空间，与自然和谐共生的建筑。它尽量使用自然采光，减少对周围环境的影响和污染，省去了大量的空调和暖气。它应用了大量科技材料，例如墙体的隔温层、墙底下垫的炉渣、加砌女儿墙防风吹、门窗用特殊材料连接等等措施，降低热量的流失，保障室内气温。我国也推广节能建筑和绿色建筑，以降低建筑的能量消耗。清华大学环境学院中意清华环境综合办公楼是一座融绿色、生态、环保、节能理念于一体的智能化教学科研办公楼，是清华大学环境学院的院馆。高40米的退台式C形建筑，主体建筑为地上10层，地下2层，总建筑面积为2万平方米。该楼是"绿色建筑"的典范，遵循可持续发展原则，体现人与自然融合的理念，通过科学的整体设计，集成运用了自然通风、自然采光、低能耗围护结构、太阳能发电、

中意清华环境综合办公楼

哥斯达黎加的绿色建筑

中水利用、绿色建材和智能控制等国际上最先进的技术、材料和设备，充分展示人文与建筑、环境及科技的和谐统一。

三、环境舒适感

为了缓解人们在城市中快节奏、高压力的生活，人们往往喜欢在乡村别墅或者野外度假，享受宁静和自然的气息。因此有些建筑师把自然环境和建筑结合起来，形成有机建筑，建筑直接延伸到山水和树木等自然之中，悬于其上、置于其中，在视觉上拓展空间，把居住空间和自然空间联系起来。玻璃住宅则是弱化了空间的实在性，强化了空间的虚无性，从而将空间得以延伸，加入了时间的维度。

目前出现的低密度办公楼房区，办公空间和间隔明显增加，在房地产价格飞涨的年代，这显然是奢侈的。它不仅在办公楼房之间的距离增加，室内的布局也很宽松，增加了很多休闲的布局，楼房之间则有园林绿化，有亭子和座椅，有水有草地，显得闲情逸致，别具一格。和千篇一律的现代化、高密度的办公大楼相比，有天壤之别。

噪声也是影响人居住的因素之一。人生活在声音的海洋之中，有些声音是我们需要的，而大多数都是与我们的生活工作无关的，我们称之为噪声。城市中心区域，车流和人声嘈杂，住宅小区内会有人和车辆移动，办公区也是人流动量较大的区域，一般人认为楼层越高噪声越小，其实不然，根据噪声放射原理，11层的噪音最大，其他层递减。但是实际情况较为复杂，根据噪声来源和数量而定。

地下建筑物例如地下车库、地下室、地下商业城的环境自然是沉闷、封闭，温度很低的，由于地表水下渗和水汽凝结，湿度很重。加之空气流通量小、通风不便等原因，特别在地下商业城人流量较大，空气就变得沉闷和污浊。建筑材料中冒出氡气和其他化学气体，对人体有害。

四、触觉舒适感

人们大多数与建筑物的接触来自脚，很少有人会去碰墙壁或者天花板，直接与人接触的一般是沙发、桌子等家具，要说直接接触最多的就数脚板下的地板了。地板是水平的光滑的，一般不会引起不适，但是建筑物的振动给人不舒服的感觉，地震、强风、人的走动、设备运作等可能引起建筑物的振动，我们应该控制这些振动，使之在人体可以忍受的范围内。高层建筑物还存在着风动的问题，建筑物会随着风向而摆动，摆动速度在 0.05 米每秒以下，人觉察不到，0.05 米每秒至 0.15 米每秒时有感觉，0.15 米每秒至 0.5 米每秒时开始不舒服，0.5 米每秒至 1.5 米每秒时不安，1.5 米每秒以上时产生恐惧。此时应该尽量增大楼的阻尼系数，降低大楼摆动的速度，不要让室内的人感到失控、不安和恐惧。事实上由于房地产的飞速发展，土地资源的减少，高层公寓和办公楼大量涌现，高层建筑越来越多，就越发迫使我们去解决高层建筑的风动问题、供水问题、消防问题、运输问题、逃生问题等等。

五、视觉舒适感

设计师在设计楼房的时候，首先要有扎实的专业知识，打牢建筑物的基础，稳定建筑物的结构，然后就是要照顾建筑的舒适性，提高人居和环境质量。建筑师面对的是一堆钢筋水泥，石头和其他建筑材料，没有一点生机和人情味。建筑师通过自己的想象，把建造起来的建筑物变得有人情味，适合人居，变得舒服。纵深和狭长的建筑空间一般不被允许，这影响了室内的通风和采光，房屋最好两面通透，如果人为地将它分割得狭长而黑暗，那么就得用点灯来补光，无形中浪费了电能，而且不是那么自然了。

对于一些地下建筑，大多数通过照明来取光，可以在墙壁上挂画，或者彩绘，可以少量地引入自然光和自然风景，增加视觉舒适度，减少空间压抑感。

光线的照射也不是越多越好，最好是早晚有阳光，而且照射时间和强度适当就行，缺少光线和暴晒都是不可取的。中国人的传统是向着东方，早上有太阳，其实早上的光线太强了影响视觉，引起不舒服，如果阳光直射时间太长，还会影响建筑材料和家具的使用寿命。同时西晒也是要避免的情况，使得室内闷热，实际情况是大多数人宁可选择西晒，也不选择早上的阳光，因为早上的阳光影响睡觉，而西晒可以杀死空气中的细菌。

总之，我们要做的就是：在尽可能少消耗能量的情况下，创造出适合人居住的供热环境，有互不干扰的声音环境、在不同条件下使用光线的条件以及轻松舒适的空间感觉。

第三节　愉悦的心情与建筑幸福感

建筑物带来的愉悦有很多方面。首先建筑物给我们带来了庇护，下雨天被淋雨，跑进建筑物的时候，你的心情肯定无比的喜悦，因为你找着了庇护的场所。事实上当你置身室内的时候，下起的雨总是给你一种安全的感觉，因为和外面的雨相比较而言，你处于安全的位置，你产生了一种优越感，所以下雨天好睡觉，也是这个原因。另外下起的雨，掩盖了你的很多负面情绪，都被眼前的状况给占据了，此时你只想着躲过这场雨，心情就不那么复杂了。我在想可能还有另外一个原因，特别在原始部落的时候，下雨天所有的野兽，所有的可能带来威胁的对象，都得躲雨，因此状况变得相对安全了。以此类推，建筑可以替你抵挡所有的恶劣的天气状况，狂风、雷电、冰雹、大雪、寒冷和酷热等等，你在室内都可能因此而产生安全感和优越感，此时怎么能够说你不幸福呢？建筑给人愉悦的心情，除了来自庇护的安全感外，还来自环境的舒适感和拥有的满足感。这些都是幸福产生的根源。

中国人的传统观念中，都有叶落归根的思想，家需要建筑物来组成，因此对房屋和装修历来都非常重视。搬新房当然也是大喜事，进新房也要宴请亲朋好友来祝贺。如果说因为房屋的外观、格局、颜色和风格而产生的喜悦之情是直接的，那么因为房屋的归属价值和财富感而产生的喜欢就是间接的。

第四节　建筑的价值与幸福感

一、如何衡量建筑的价值

建筑物的价值之所以长久以来成为人们谈论的焦点，不仅仅是因为建筑物是人们休息、生活、娱乐和放松身心的场所，它还和财富投资联系了起来。改革开放以后，对房地产价值的评估重新开启，房产不再是公有制，而是归个人所有，特别在物价上涨和货币贬值时期，房地产成为保值投资的最佳项目。

衡量一个建筑物的价值，应该从以下几个方面入手：

（1）实用性：房屋的建造是否合格，设计是否合理，是否能满足人们采光、通风、取暖、用水和居住的要求；

（2）安全性：建筑材料是否合格，设计是否符合力学标准，结构是否能保证建筑体的稳固和安全；

（3）社会性：建筑物所在的社会环境是否和谐，治安是否稳定，周围的教育、卫生、体育文化和交通设施是否齐备和方便；

（4）经济性：建筑所在的地区土地资源的价格，也是决定建筑价格的因素之一，还有建筑材料的价格，建筑人力资源的价格，以及建设好以后的物管和维护费用；

（5）艺术性：建筑物设计的形状、样式、色调和风格是否令人满意；

（6）其他附加费：包括建筑市场的竞争，设计团队及开发商的素质，污染和噪声是否严重等等。

人们对建筑的需求量也是建筑增值的因素，虽然它们影响的是建筑物的价格，但价格作为价值的载体和表现，是影响建筑保值增值的重要因素。

影响建筑物价值的因素有些是短期的，有些是长期的，也许某些因素的重要性在某些时期凸显出来。例如以前建筑材料是决定建筑价值的主要因素，现在地段商业价值早就超过了建筑材料所决定的价值。又如交通相对方便的地铁房突然火热，说明交通是困扰目前大部分居民出行的问题。为了赶路起早贪黑，塞车问题严重等等，已经严重影响了人们的正常出行。下面以上海市地铁1号线为例，说明地铁房的兴起和增值。

地铁对于沿线楼市价格产生直接影响，从纵向比较，轨道1号线周边楼市的价格增幅每年至少在10%左右，但地铁对其影响主要体现在地铁规划和建设初期。从横向来看，一般情况下，距离地铁越近，受到地铁影响程度越高，价格水平越高。以莘庄的房价为例。通过莘庄（1号地铁线南端终点）周边地区1991—2000年房价走势不难发现，地铁对房价的概念性影响较强。从1991年动工开始，地铁附近房价快速攀升，1993年地铁部分通车后，虽然价格继续上扬，但是幅度明显放缓；随着时间的推移，地铁辐射范围内外的房子价格差距逐年拉大。可以肯定的是，离地铁站越近，房价的升值幅度越高，升值速度越快。

而从上海整体房价来看，离地铁越近，增长就越快。以上海地铁1号线附近的和欣国际花园为例，该项目总建筑面积26万平方米，其中住宅面积24万平方米，12~18层时尚电梯景观小高层，从2006年1月的6937元／平方米一路增至2014年6月的12252元／平方米，累计增长幅度达到76.66%。国家宏观调

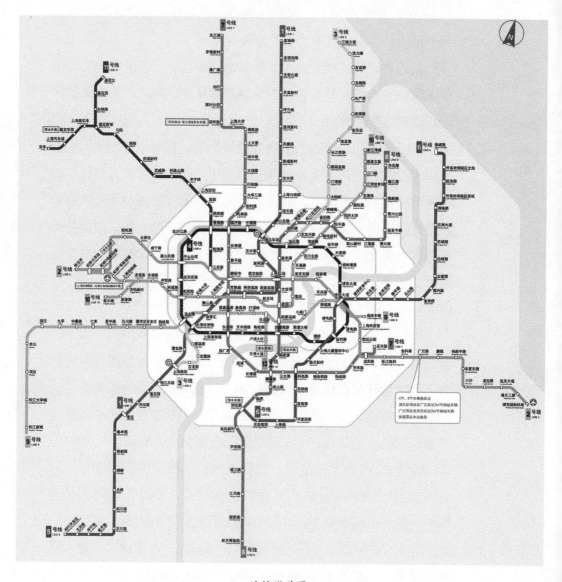

地铁线路图

控过程中，地铁房仍在涨价。从微观的板块角度考量，地铁开通以后，地铁概念板块的房价走势高于全市价格增长幅度。其中，在 2004 年这一差距达到顶峰值 26%。地铁对于郊区配套相对落后的楼盘价值增长促进作用更明显，1995 年随着轨道交通 1 号的全线建成通车，莘庄和彭浦的房价分别上涨了 70% 和 63%。

如今地铁交通相对完善的上海，地铁对整个城市的房价表现出较强的增值、保值功能，即便是在宏观调整时期，离地铁越近的房子，抗跌性就越强。从 2003 年到 2005 年，上海的房价涨得是比较厉害的，比如地铁 1 号线站点最为集中的上海宝山区庙行板块，该板块的楼盘均价上涨幅度远远高于全市均价，2004 年两者的差距达到最大值，达到 26.1%。在这个数据背后，地铁功不可没，地铁对于房价的带动作用，一次次得到验证。2005 年以后，随着"国六条"等一系列房地产宏观调控政策的出台，上海楼市上涨幅度总体回落，但是庙行板块的楼盘均价变动幅度却远远小于全市的平均水平，而且在 2006 年全市房价出现负增长的情况下，地铁站点的"枢纽"庙行板块的均价，依旧保持 4.18% 的正向增长的态势。

地铁线改变了上海的商业格局，随着轨道交通的运营和周边楼盘的交付入住，大量人口的导入，引发了区域商业产业的升级。根据市场调查发现，地铁物业前期的客源多为中高收入的白领新上海人和部分改善居住条件的本土工薪阶层。由于大量具有消费购买力人群的进驻，加快了区域生活配套的完善及商业产业的升级。事实上，地铁对商业地产的影响，完全改变了城市商业的分布格局。比如位于上海市中心城区的西南部的莘庄，曾经是连动迁户都不愿意去的偏远郊区。然而在地铁一号线的带动下，现在的莘庄是上海西南角的一个商业和居住中心。围绕莘庄地铁站周围正在形成一个"镇中心商业区—社区商业体系—现代商贸走廊"

的三级商业发展网络。目前，莘庄地区社区商业共有五大中心，即南面的华联吉买盛区域、西面的农工商区域、西北面的莘庄乐购区域、中间的世纪联华区域、东北面的华润万佳区域。

相应的生活配套设施逐步完善了，接下来人们的消费形式都会发生很大的变化，市场消费的辐射半径也明显放大。根据上海经验，地铁刚开通后，居民日常消费的辐射半径明显放大，市中心的商业消费吸引力要大于本区域的消费吸引力。如上海中心城区的商业，前几年，就是一个终端和偏中高端的百货店，现在的世贸商场和新世界百货，自身的功能已经有了很大的转变。当然除了购物之外，还有酒店和餐饮，在购物的档次里面，原来偏中端的产品逐渐回归该类地区市场。地铁的开通不仅在潜移默化地改变人们的消费方式，也在改变沿线商业的格局。中心区域，如人民广场，地面商业转变为空间商业，人民广场站的日换乘客流为40万人次，最高超过60万人次。在如此巨大人流的枢纽处，配套了全国最大的地下商业中心——人民广场地下商城。地下商城面积3万平方米，包括百货商场、服饰名品、餐饮娱乐，并与地铁相通，已成为人民广场集旅游、购物、观光、休闲于一体的又一热点。对于城市副城，地铁对区位价值的提升作用表现得更为明显。如徐家汇，地铁开通前地位仅相当于曹家渡的区级中心，而在地铁1号线开通后，它们之间的差距逐步拉开，徐家汇地区的活力日益增强。仅仅3年之后，从8亿元的商业收入增长到55亿元。周边商业地产价格也水涨船高，而且很多商铺只租不售，这也从侧面反映了市场对该区域价值的认同。

教育是影响建筑价值的因素之一。一般人看来，它们之间的关系应该不大，可是学区房块悄然走红。学区房，一个特别的名词。从某种意义上讲，学区房是房地产市场的衍生品，同样也是现行教育体制下的一个独特的现象。随着竞争的日益激烈，家长为使孩子不输在教育的起跑线上，不惜花费重金购置一套靠近教育质量好的小学学区的房产。另外，一些重点中学附近的房产，例如天津学区房的远洋城，也会受到学生家长的青睐。在学校附近购买房产居住，将有利于家长管理孩子的生活和学习，孩子也可以提高学习的效率。2013 年 5 月，北京部分学区房出现均价 10 万元的天价。相对于普通商品住宅而言，"学区房"具有单价相对较高、升值空间相对较大的特点。随着房地产市场调控政策的收紧，"学区房"的投资优势日渐凸显，无论是商品房市场还是二手房市场，即使是在楼市的低迷期，学区房的成交量与租赁量仍旧保持比较稳定的状态。

2013 年连续 4 个月，北京的学区房租金竟然每个月上涨 1500 元左右。像这种现象并非北京市所独有，在南京，学区房价格是其他房价格的三倍还多。为了孩子能上一个好小学，家长们不惜自己做出牺牲，要么放弃大房子选择小房子，放弃新房子选择旧房子；要么宁可自己上班绕远路，也要孩子上学方便。但是，即使上百万元的付出，家长们可能最后也难以如愿以偿地把孩子送进希望中的学校。北京市海淀区四环内的两栋楼房，两者相距 20 多米。虽然外墙粉刷颜色和新旧程度看似不同，但两栋楼房都建于 1988 年，建筑风格和楼层结构也完全相同。两楼之间仅仅隔着一道铁栅栏和树木。但是，作为二手房，在交易市场上，相距只有 20 多米的这两栋楼房，它们的价格却有着天壤之别。一位房地产经纪公司业务员说："在二手房市场上，北京市的学区房比非学区房价格平均能高出多少呢？差距在几千块钱。估计一下，至少得差到 3000 元 / 平方米。"

另外房子的能耗也是决定房子价值的因素之一，有些房屋乍一看挺厚实，材料质量也很好，可是能耗太高，使用以后增加了很多附加的费用，电梯费、取暖费、空调费、二次供水费、暖气费等等。这些项目都是绿色建筑可以免除的，而多数人总觉得绿色建筑的造价不高，外观不气派。殊不知绿色建筑的节能性和环保性能可以减少很多开支，保护了环境，实现可持续使用和发展。首先，绿色建筑的节能：绿色建筑节能为同类建筑的30%～50%，并降低了长期维护的费用。它通过自然采光、太阳能甚至风能发电、绝热材料保暖等措施，降低了能源的消耗量；其次，舒适性提高了，它自然采光，空气新鲜，气温温和，减少了大楼综合征并提高工作效率5%～15%；最后，环保性，减少固体和液体废物排放量，节约了用水，减少了对空气的污染。无论是经济效益还是环境效益都是很高的。特别在长时间的使用过程中，效益可观，其附加价值和优势就体现出来了。

福建省绿色与低能耗建筑综合示范楼效果图

看到位于新加坡的这个垂直公园酒店规划的方式，我们可以看出，东南亚的繁华都市都在进行绿色的改造。逐渐会出现零能源结构的绿色建筑，有屋顶绿化和利用太阳能发电、照明的大厦。但垂直公园酒店，让"绿色"主题贯穿上下！这个独特的建筑加入大量的植被，不仅成为生态建筑，也创造了一个视觉震撼和舒缓的形象。多种植被优雅地挂在混凝土森林中的这栋摩天大楼上。被作为一个顶级酒店和写字楼，这个建筑物依靠太阳能和光伏电池发电产生许多能量。有了天空花园、池塘、瀑布、种植梯田和绿墙等。这个垂直公园酒店应该会为人们所追捧。大部分为这个建筑设计的植被是设计成可利用雨水自给自足，保持新鲜。棕榈树、灌木、攀缘植物、开花植物、兰花和一大堆给你清新的空气的植物，为新加坡的旅游观光增添了一个令人耳目一新的景色和一个全新的视角，这样的"广告"效应使一个现代城市的生态旅游更增加其吸引力。

新加坡垂直公园酒店

其实未来的绿色建筑和节能建筑将有很大的发展空间和价值。随着人类社会的不断发展，大自然面临的压力越来越大，生态和环境问题便自然而然地成为世人关注的焦点。在未来社会，人类的发展必须建立在生态和环境允许的基础上，下面举例未来规划的世界绿色建筑说明它们的价值和潜能。

（一）阿布扎比垂直海水农场

沙漠城市阿布扎比总人口超过 80 万人，依靠 5 个巨型脱盐工厂获取淡水，新鲜水果和蔬菜则依赖进口。意大利建筑设计事务所 STUDIOMOBILE 表示，所有这些均可以通过其设计的垂

阿布扎比垂直海水农场

直海水农场加以解决。在这项宏伟的建筑项目中，5个"茧状温室"将被安装在中间的一根柱子上。在每一个"茧"内，海水将被转换成水蒸气，起到为温室冷却和加湿的作用。除此之外，海水还可以通过蒸馏方式产生淡水。虽然海水温室的创意已在几个小规模试验项目中进行测试，但 STUDIOMOBILE 的提议却让这一想法得到戏剧化升级，即朝着超大规模道路迈进。

（二）海水温室：让撒哈拉沙漠变成绿洲

"探索"建筑师事务所（Exploration Architecture）也非常喜欢海水温室这个设想，但这一想法的"野心"还不足够大，没有让"探索"产生浓厚兴趣。为此，这家建筑事务所提出了一项更引人注目的提议，在世界上最大的沙漠——撒哈拉沙漠建造一个太阳能发电站并与一个海水温室"协同"作战。这种"双管齐下"不仅可以提供清洁能源，同时也可以起到灌溉作用。"撒哈拉森林"项目可以在低海拔的沿海区付诸实施，在这一地区，利用管道运送海水并不是一件难事。所获得的海水用于海水温室以及一项聚焦太阳

海水温室：让撒哈拉沙漠变成绿洲

能作业——通过折射将阳光聚焦到装满水的锅炉上，进而推动蒸汽动力涡轮。蒸馏产生的废水将被用于灌溉周边地区，让沙漠重新成为一个到处是郁郁葱葱的绿洲。

（三）迪拜金字塔之城

人类将继续在这颗星球的表面扩张下去，在此过程中，森林和山脉将面临被夷为平地的威胁。但阿拉伯联合酋长国可持续设计公司Timelinks 指出，我们并不一定要环境遭受如此厄运。据悉，Timelinks 为迪拜设计的古巴

迪拜金字塔之城

比伦式金字塔之城——Ziggurat，能够让人类、自然与现代技术完美地融合在一个建筑内。Ziggurat 底座占地面积大约为 1 平方英里（约合 2.5 平方千米）。Timelinks 表示，这座金字塔之城最多可容纳 100 万人。在 Ziggurat，居民可利用一个公共交通系统从住处前往公司，即部分使用电梯，部分使用有轨电车。清洁能源的获得将通过各种各样的方式，其中包括利用下水道污水穿过管道产生的动能的发电机。如果厌倦了 Ziggurat 的生活，居民还可以走出这

韩国绿色"能量中心"

座金字塔之城上演冒险之旅，探索周围未被破坏的生态系统。

（四）韩国能量中心

自步入新千年以来，韩国政府便采取了一项高明的规划策略。根据规划，容纳大量住宅群和办公室的所谓"能量中心"将建在令人垂涎的理想区域，同时鼓励在其周边建设新的城市。为了在距离首尔20英里（约合32千米）处打造一座全新的城市，荷兰建筑师事务所MVRDV提出了建造一个小山般建筑群的想法。这个建筑群将与周围的湖泊和森林融为一体，体现人与大自然的一种和谐。这座新城就是"Gwanggyo能源中心"，其最大特征就是梯田状的建筑，每一层的外侧建有花园，让所有居民都可获得一个室外活动空间，种植自己喜欢的花草。此外，花园这种设计也为这座自给自足的新城披上了一件绿衣。

（五）莫斯科水晶岛

福斯特建筑师事务所的水晶岛将在离克林姆林宫只有4英里半的纳加蒂诺半岛上建造。水晶岛高1500英尺（约合457米），是一座实现自给自足的城市，占地面

莫斯科水晶岛

积0.96平方英里，是美国国防部所在地五角大楼的4倍，将拥有多种用途。这座巨型建筑物有900套公寓，3000个酒店房间，可供3万人居住，设有电影院、剧院、购物中心、健身中心和容纳500名学生的国际学校。从980英尺（约合300米）高的观景平台俯瞰，游客可以看到莫斯科大街小巷。建成后，莫斯科水晶

岛将拥有世界上最大的中庭之一，这个中庭将在夏季开放，届时可以调节大楼内 500 英尺高处公共空间的温度。这座不久将成为世界最大建筑在整体规划中还包括了一些可持续性设计特点。外墙立面应用了太阳能电池板，通过风力发电机为庞大的综合大楼发电。这个建筑结构的核心能源管理是可再生能源和低碳能源发电项目计划。

（六）漂浮的城市

漂浮的城市，Lilypad 项目可能是人类的历史上最复杂、思想最超前的绿色设计项目了。它被建设成为一个完全自给自足的城市，可漂流在大洋中，是援救天灾、海平面升高使得人们流离失所的解决方案。通过结合热能、潮汐能、太阳能和风能等多种技术为自己制造能量。而且容量很大，可容纳约 5 万人正常生活。这种三维的大厦设计还创造了小山和河谷，以及休闲、商贸和住宅区，从而创造一个有机的复杂体，还真像人们安度一生的好地方。

（七）2000 英尺摩天塔

美国加利福尼亚州建筑师崔悦君（EugeneT.sui）曾提出为奥克兰修建一座 2000 英尺（约合 610 米）高的摩天塔的想法。但对于这一具有"野心"的想法，官员们却表现得有些畏缩，在他们看来，周围的一切将会因为高塔的出现成为"侏儒"。在此之后，崔悦君决定将实施摩天塔建造计划的地点从美国搬到中国，并最终敲定中国南部生机勃勃的港口城市——深圳。摩天塔将建在一座人工岛上，周围被用于过滤污水的红树林沼泽环绕，顶端将安装巨大的风车。摩天塔能够为周围地区提供清洁能源，顶层将建有餐馆和瞭望甲板。崔悦君说，中国官员此前未能考虑到深圳的快速发展所要付出的环境代价，摩天塔将成为深圳谋求更理想未来的一个生态学符号。

这些建筑的奇思妙想给人们以启迪。创新将使未来的建筑带来不可估量的价值。

二、人类对财富的渴望：对幸福的永恒追求

人类对财富的渴望，似乎出自人类对生存和生活的渴望，追求更加美好的生活。无论是通过合法合理的生产劳动，还是不合理的剥削压迫，甚至非法的手段获得财富，都反映了人对财富的追求和渴望。只要说到财富和利润，人心和资本就会活跃起来，每个资本都希望获得超额利润，然而随着参与的人越来越多，最后大家获得的是平均利润。并不是说人类追求财富的渴望超过其他动物，事实上从生物的角度来说，每种生物为了获得自身生存和发展的资源与空间，也是在竞争之中的，根据物竞天择和优胜劣汰的规则，最后适者生存。这就显得更加残酷了，在自然界没有法律和道德，为了生存可能弱肉强食，在竞争中失败的物种，可能面临灭绝，从而实现优胜生物物种的进化。追求幸福，追求财富，做富豪，做百万、亿万富豪，几乎是每个人深植于心中的企盼。这种企盼，就是人的欲望。欲望从它诞生日起，一直受到人们的争议。从最早的佛教教义中，我们就能找到证据，"人生来是苦的，而苦的根源在于人有各种欲望"。然而人的欲望如同深埋于人们心中的那颗蠢蠢欲动的种子一样，是人类与生俱来的动力，它给人类的生命以无穷的激情与活力，最终成为人类生命延续成长的神秘力量。

因为欲望，人们走向两极；因为欲望，人们改写人生；同样因为欲望，人类才得以进步发展。在一定意义上说，人类社会从茹毛饮血的原始状态发展到现在声光电的信息时代，就是人们物质生活和精神生活不断提高的过程，这种提高的过程，就是人欲望不断满足的过程。也可以说，人类社会一切活动的终极目的，就是不断地满足自身的欲望。财富金钱虽不是万能的，但"一分钱难倒英雄汉"，没有钱则是万万不能的。财富虽不等于幸福，

但它却能带来幸福，只要你做财富和金钱的主人而不是奴隶，就意味着你是一个真正意义上的大气之人，一个正直而高尚的人，那么你按照自己的意愿去统率、支配财富和金钱时，幸福感便会油然而生。这就是财富的魅力。当欲望与财富连在一起时，欲望就摇身一变，从肉体爬进人的灵魂与头脑，迅速在你的心底充溢起来，成为一种永不停息的巨大力量。正是这种永不停息的、渴望财富的强大欲望之力，唤醒了人的意识，唤醒了人心中伟大的力量。这种被唤醒的力量巨大无比，具有无穷的创造力，它能创造历史，创造全人类的新生活。

三、幸福的建筑：幸福的自我确证

房屋和建筑当然也是属于财富的一种。原始人也许住在山洞，但是山洞受地理位置的限制，而且是有限的资源，很多时候需要自己动手，建造房屋。能建筑住所和巢穴的不只是人类，很多动物都可以。为了抵御天敌和风寒，筑起防护的巢穴和住所，确实便利和安全得多。然而生物建造住所是低级和本能的，是通过自然法则和优胜劣汰来实现进化的，人类建造的建筑，是具有创造性的，是灵活和丰富的。一旦房屋建立它就成为一种财富，而且是相对稳定的财富，就为人们所向往。安居乐业似乎说明，人只有在居住条件改善了之后，才能有更多的精力投入未来的生活，才能有更长远的人生规划。房产作为一种固定资产，在城市中理所当然成为人生活安定幸福的一个重要保障和证明。为了追求这种安定而幸福的生活，我们以自己的努力来为自己证明，为未来的美好生活证明，是一种自我身份的幸福确证。人类用建筑来确证自己的存在，来追求本我的真。

建筑的幸福感知是随着时代的发展变化而变化的。这种变化常常是由低向高的发展。其象限是：生存需求—功能需求—环境需求—价值需求。因此，不同时代的人对建筑的心灵感受会不一样；同样同一时代的人也因为生活层次的不同对建筑的满足感也会不同。

　　不过，对于房地产开发商来说了解消费者的心理需求，实现对消费者的功能多方面的满足并上升到文化及审美层面做出必要的规划将是制胜的法宝。

第五章
建筑的文化诉说

建筑是文化的载体，文化决定着建筑风格，建筑反映了各个时期的社会心理、哲学意识、道德观念、文化心态、审美情趣等内容。建筑是一种集美学与实用于一体的文明载体，在其发展的过程中不断地受到经济、文化、政治、军事等社会因素的影响。结合建筑本身的特性，经过长时间的历史积淀，逐渐形成了各种各样的具有特色的建筑文化。

第一节　建筑与文化

人类的基本文化形态有四大方面，即衣、食、住、行。住即建筑，属于基本文化的重要构成，建筑是人类为求解决自身的居住而营造的一种文化。建筑是一种集美学与实用于一体的文明载体，在其发展的过程中不断地受到经济、文化、政治、军事等社会因素的影响。结合建筑本身的特性，经过长时间的历史积淀，逐渐形成了各种各样的具有特色的建筑文化。建筑不仅是提供人们居住和生活的场所，而且还记录和反映了人类历史文明的发展和变迁。建筑是人类物质文明与精神文明的产物，是一种文化类型的代表，是构成人类活动的一个重要部分。

一、建筑是文化的载体

建筑作为文化的一种载体，深刻而广泛地反映着人类的历史文化进程。它反映了各个时期的社会心理、哲学意识、道德观念、文化心态、审美情趣等内容。建筑不仅仅表现为物质文化的技术与功能，也表现出对精神文化的洞悉与把握；既直接为人们的现实服务，又有丰富的人文内涵。意大利建筑理论学家赛维认为"含义最完美的建筑艺术是一种具有多种决定因素的历史。历代建筑，几乎囊括了人类所关注事物的全部"。法国作家雨果在著名的《巴黎圣母院》中写道："人类没有任何一种重要的思想不是被建筑艺术写在石头上。"俄国作家果戈理说过："建筑是历史的年鉴。"当代艺术家简森也说："当我们想起任何一种重要的文明的时候，我们有一种习惯，就是用伟大的建筑来代表它。"因此建筑往往被赋予"凝固的音乐""石头筑成的史诗""文明的载体""历史的纪念碑"等美称。

文化指导建筑，建筑成为文化的载体。透过建筑，我们可以看到建筑物所表达的思想和所体现的精神。通过建筑，可以表现出世界各国各民族由对野兽、害虫的防御，对图腾的崇拜，对鬼神的敬畏，对神权和王权的遵从，对圣人的敬仰与纪念，对神话传说的传播。那些体现不同时代文化的建筑，如古罗马式建筑、哥特式建筑、巴洛克建筑、古典主义建筑、现代主义建筑和东方建筑风格等，这些不同风格的建筑代表作有神庙、教堂、皇宫、广场、高塔、纪念碑、摩天大楼及主宅等形式，形成一部源远流长、内容丰富的建筑文化史。神庙象征神主宰世界，皇宫象征封建皇权至高无上，现代摩天大楼象征现代科学技术及国力的空前发展与强大。北京天坛的选址、造型及梁柱的数量、高度、颜色都是某种神权的象征和文化思想的表现。

二、文化决定建筑风格

文化是建筑的灵魂，文化影响和决定着建筑风格的产生。建筑是在文化背景之上产生的。各个时期的生产力发展和经济基础决定了不同时期和不同地域的建筑风格。

古希腊建筑风格的形成，是由于社会生产力的发展，完成了由木结构向以石料为主要建筑材料的梁柱技术的转变，创造了以石料筑成的各种柱式建筑技术，形成了诸如多拉克柱式、爱奥尼亚柱式及科林斯式柱式，还开始使用了拱券技术，才建成了许多宏伟的建筑。古罗马征服古希腊后，发现并广泛地利用了天然的火山灰混凝土建筑材料，创造了简形拱与券顶相结合，十字拱与支柱相结合，拱券与柱式相结合，形成了独具风格的罗马式建筑。

哥特式建筑是石头柱做支撑和扶壁，肋拱构成的结构体系，为了增强稳定性，在柱墩上建尖塔，才产生了"一个巨大的石头交响乐"——巴黎圣母院。

标新立异的巴洛克建筑，恰恰是封建社会末期、新兴资本主义形成初期、社会生产力有了较大突破性发展时期，为满足新旧上层阶级享乐的要求，而形成的建筑风格。

文艺复兴建筑是在早期资产阶级思想体系即"人文主义"反对"政权神授"和经院哲学反对僧侣哲学的时代背景下，逐渐形成和发展起来的。这说明，由于社会文化的发展，才推动了建筑变革和发展，科学技术的进步成为建筑风格变革的动力。

文化同时决定着建筑风格的形式。反映奴隶制社会黑暗的罗马斗兽场（弗拉维奥圆剧场），是把奴隶、犯人间的厮杀，作为权贵们取乐的场所，为了满足一时残忍的快乐。各国的皇宫无论其规模、风格如何不同，都是渲染封建王权至上的文化产物。

不同国家的文化制度和文化形态会在很大程度上影响着建筑的结构和设计风格。以法国巴黎为例，整个巴黎市区的建筑格局是一个以凯旋门为中心的向四面八方延伸的"星状体"，因此在巴黎人们常常会听到"条条道路通巴黎"这句话。而如果你要从巴黎出发去别的地方，那么无论你走了多远，都会有路标告诉你此时离巴黎有多少距离。再者，几乎所有法国的城镇都有一个以市政厅为中点的中心地带，而城镇的其他区域都以此中心为中轴向外延伸扩展分布。甚至连法国政府部门办公室的分布状况也是以主要领导的办公室为中心，其他办公人员的房间则是以职位的高低而向外延扩散的格局。法国这种建筑环境反映出的是一种垂直的、等级制和集权式的文化形态。

阿拉伯国家的建筑模式是典型的内外模式。例如，这些国家的房屋建筑都装有高大的围墙和厚重的大门将内外隔开，"内"代表着女性、隐私和家；而"外"则代表着男性、公事、市场和清真寺等。人们习惯使用围墙和大门来保护家庭或群体的领域和利益。女性甚至在出门时也要带上面纱将自己与外界隔开。这样物理环境反映了内外有别、注重人际关系和忠实于群体及宗教的文化特点。

三、建筑的文化解读

文化是建筑的灵魂和载体。透过文化，可以解读出建筑所赋予的文化含义。不同的文化总是影响着不同建筑的形成和发展，不同的文化赋予了建筑不同的形象和内涵。

建筑是科技和思想的结合，一方面存在着技术性问题。另一方面用它的结构形态，把建筑物的意义传达给使用者，赋予感动和意义：一进入宫殿，就有高雅之感；一进入教堂，就有虔诚的心情；一踏进大学，就有学术氛围；在办公室，就有效率感和事务性……

（一）建筑对国家文化的解读

建筑被誉为"石头筑就的史诗""文明的载体"，是一个国家文化标志和集中体现。当人们提到世界的各个国家时，首先映入脑海的就是这些国家或壮丽，或宏伟，或浪漫，或肃穆的建筑。

建筑已经成为一个国家最明显的标志和象征，说到中国，人们自然而然就会想到长城、天安门、故宫；说到美国，就会想到白宫、自由女神像；说到法国，就会想到埃菲尔铁塔、凯旋门、巴黎圣母院、罗浮宫；提到印度，就会想到泰姬陵；意大利，则是罗马斗兽场、米兰大教堂；德国，则是科隆大教堂、无忧宫；英国，则是白金汉宫、伦敦塔桥；俄罗斯，则是冬宫、红场……这些建筑成为各国的标志，代表了这些国家的最高的建筑文化和建筑水平。

建筑不仅体现了一个国家的物质文化即经济实力，还反映了这个国家的精神文化，即历史、文化等等。

长城是古代中国在不同时期为抵御塞北游牧部落联盟侵袭而修筑的规模浩大的军事工程的统称。长城东西绵延上万里，因此又称作万里长城。现存的长城遗迹主

长城

要为始建于 14 世纪的明长城，西起嘉峪关，东至辽东虎山，全长 8851.8 千米，平均高 6 ~ 7 米、宽 4 ~ 5 米。长城是我国古代劳动人民创造的伟大的奇迹，是中国悠久历史的见证，被世人视为中国的象征。

自由女神像是法国在 1876 年赠送给美国的独立 100 周年礼物，位于美国纽约市哈德逊河口附近。是雕像所在的自由岛的重要观光景点。自由女神像高 46 米，加基座为 93 米，重 200

自由女神

多吨，是金属铸造，置于一座混凝土制的台基上。一个多世纪以来，耸立在自由岛上的自由女神铜像已成为美利坚民族和美法人民友谊的象征，永远表达着美国人民争取民主、向往自由的崇高理想。

泰姬陵

埃菲尔铁塔

鱼尾狮像

作为莫卧儿王朝最伟大的陵墓，泰姬陵既是印度建筑中最著名的，也是印度文化融合不同传统的体现。

埃菲尔铁塔（法语：LaTour Eiffel）是一座于 1889 年建成位于法国巴黎战神广场上的镂空结构铁塔，高 300 米，天线高 24 米，总高 324 米。埃菲尔铁塔得名于设计它的桥梁工程师居斯塔夫·埃菲尔。铁塔设计新颖独特，是世界建筑史上的技术杰作，因而成为法国和巴黎的一个重要景点和突出标志

鱼尾狮像坐落于新加坡市内河畔，是新加坡的标志和象征。该塑像高 8 米，重 40 吨，狮子口中喷出一股清水，是由雕刻家林南先生和他的两个孩子共同雕塑的，于 1972 年 5 月完成。1972 年 9 月 15 日，当时担

任新加坡总理的李光耀资政为鱼尾狮塑像主持开幕。他在致辞时表示，希望鱼尾狮能成为新加坡的象征，就如埃菲尔塔是巴黎的象征一样。

悉尼歌剧院不仅是悉尼艺术文化的殿堂，更是悉尼的灵魂，是悉尼最容易被认出的建筑，来自世界各地的观光客每天络绎不绝前往参观拍照。清晨、黄昏或夜晚，不论徒步缓行或出海遨游，悉尼歌剧院随时为游客展现不同的迷人风采。悉尼歌剧院设备完善、使用效果优良，是一座成功的音乐、戏剧演出建筑。

悉尼歌剧院

金字塔

古埃及是世界历史上最悠久的文明古国之一。金字塔是古埃及文明的代表作，是埃及国家的象征。

（二）对建筑拥有者的文化解读

建筑虽然作为一种客观的物质的存在，它却兼有现实世界的规整朴素和精神世界的韵律美感。建筑的起始，首先是为了满足人们生活的需要，解决人们避风雨、保安暖的基本生存要求。《韩非子·五蠹第四十九》有言："上古之世，人民少而禽兽众，人民不胜禽兽虫蛇，有圣人作，构木为巢，以避群害。"建筑最初的目的是为了安居乐业、遮蔽风雨。而发展到了今天，已经具有各种各样不胜枚举的功能，如娱乐、休闲、疗养、观光等。随着社会的发展，人们在解决了最基本的生存问题后，对房屋的需求已经不仅仅是为了遮风雨和保安暖，人们逐渐对建筑寄予思想和感情，自然而然地他们把思想感情和理想追求呈现在建筑当中。

人们在物质方面得到满足后，就会开始寻求精神层面的需要。因此，在居住的基本问题得到解决后，人们不再满足于简单的居住环境，而是开始对建筑寄予更高的要求，进行更好的改造，建造更美的房屋。人们在建筑实践中对建筑实用性功能的不断追求，必然会导致建筑美包括建筑艺术美的诞生。例如，在追求实用的过程中，我们开始注重比例、均衡、材料质地、牢固程度以及重量之类的问题。

建筑在更深层次反映和寄托了人们的精神文化。无论是从建筑的外形构造、材料色彩，还是建筑的内部装潢都可以反映出建造者的文化追求和文化品位。俗话说："萝卜青菜，各有所爱。"不同文化圈的人群会有不同的建筑观念，不同的趣味。不同民族、地域、时代、阶级的人对建筑的追求也不尽相同。建筑不仅可以反映人们的思想追求，而且还能解读出不同人的文化品位和追求。

从建筑的拥有者来看，对建筑的选择可以反映出他们所追求的生活方式和他们的文化素养。如果把身心比喻成一个大房子，那么房子就代表身体，装修风格就代表其灵魂。

例如，一位富豪的家，房内金碧辉煌，屋内摆设着各种名贵家具和从世界各地收藏而来的奇珍异宝。屋外更是豪华极致，停车场、马场、假山雕塑、泳池喷泉，各种娱乐设施应有尽有，让人眼花缭乱、应接不暇。这样的房屋不仅体现了主人的富有，还诉说了房屋主人对奢华生活的追求。

一对老夫妻，十分向往田园生活。于是在他们退休后，在偏远的山区买了两亩地，盖了一个简单的小院子，建了一间屋子，四周种上各种花草蔬菜，闲来浇花、种菜、除草。虽然山区的生活比较偏僻和不便，但是远离了城市的喧嚣和浮躁，他们在这里享受到了宁静和祥和。虽然他们现在居住的房屋非常简陋，他们却怡然自得，因为这是他们一直向往的生活场景。他们的生活方式和居住环境表现出他们的文化追求是向往亲近自然和归隐田园的隐士生活。

一位教授的家，装修简单。空间不大的屋子里四壁都是书架，书架上摆着各类书籍，甚至在沙发的周围也被各种书籍挤满。从他的房屋可以体现出他对知识的渴求和简朴的生活作风。对于他来讲，世俗的生活看得并不那么重要，知识和书籍才是他最大的追求。

台湾明星林志颖的家，堪称一座科技中心。林志颖除了是影视明星之外，还有很多身份：赛车手、企业家、科技公司老板。而他的房屋也和他的人生一样精彩，他的家是聚集了所有高科技的东西。家门有干冰喷雾，家中全是机械化的设备，客厅就像个演唱会的现场。更神奇的是，他的家完全是使用高科技控制，只要手指轻轻一按，在内地拍戏都可以控制台湾家中的窗帘。家里的电器设备都是和他的手机相连接的，要在手机上下指令，通过GPRS技术传输到家中的服务器，林志颖就可以轻松指挥家里的一切事务。比如在回家的路上，他就能通过手机遥控，先把灯、热水打开，回到家直接泡澡。睡觉前，只要轻轻按一个钮，整个房间里所有的灯就会自动熄灭。他的家所呈现出来的高科技和新奇感，都是他追求刺激、现代、浪漫生活的体现。

从房屋的所有者所拥有的不同房屋构造和形式来看，不同生活层次和不同性格爱好的人，对于房屋的需求也是不同的。无论是追求奢华、朴实，还是平淡、新奇，都显示了他们的文化追求注入在他们的房屋建筑之中。

（三）对建筑师的文化解读

建筑不仅反映了其本身的造型和内部的空间关系，更体现出设计者的人生观以及建筑所蕴含的艺术文化。建筑师是建筑的创造者，他的观念、意识时刻都会影响着建筑的风格、建筑的形态。建筑设计师希望把自己的才华、梦想、追求通过建筑展示出来，对于他们来说，建筑是体现人生价值和实现人生追求的丰碑。贝聿铭、梁思成、赖特等享誉中外的建筑家将建筑已经看作了自己生命的一部分，因此他们在作品中付出的是自己的激情。正因为如此他们的作品代表了他们的思想。

贝聿铭，美籍华人，世界著名的建筑设计师，为我国设计了北京香山饭店、中国银行总部大厦、香港的中国银行大厦等。贝聿铭认为："建筑是一种社会艺术的形式。"在他的任何设计中都不会放松协调、纯化、升华这种关系的努力。在他设计时他对空间和形式常常都做多种探求，赋予它们既能适应其内容又不相互雷同的建筑风格。他说："建筑设计中有三点予以重视：首先是建筑与其环境的结合；其次是空间与形式的处理；第三是为使用者着想，解决好功能问题。"

日本建筑师安藤忠雄，集艺术和智慧的天赋于一身，他所建的房屋无论大小，都是那么实用，有灵性。他有超强的洞察力，超脱了当今最盛行的运动会学派或风格。他的设计概念和材料结合了国际现代主义和日本传统审美意识，他成功地完成了房屋与自然的统一，他的建筑更多是反映一种"安逸之居"的意念。

现代建筑的棋手：勒·柯布西耶，设计了著名的马赛公寓，以钢筋水泥取代重强结构，而且房屋腾空于地面之上。他的设计是现代人所建造的最难忘的建筑之一。他丰富多变的作品和充满激情的建筑哲学深刻地影响了 20 世纪的城市面貌和当代人的生活方式。从早年的白色系列的别墅建筑、马赛公寓到朗香教堂，从巴黎改建规划加尔新城，他不断变化建筑与城市思想，始终站在建筑发展潮流的前列，对建筑设计和城市规划的现代化起了推动作用。

人情化建筑理论的倡导者：阿尔瓦·阿尔托。阿尔托主要的创作思想是走民族化和人情化的现代建筑道路。他说："标准化并不意味着所有房屋都一模一样，而主要是作为一种生产灵活体系的手段，以适应各种家庭对不同房屋的需求，适应不同地形、不同朝向、不同景色等等。"他所设计的建筑平面灵活、使用方便，结构构件巧妙地化为精致的装饰，建筑造型娴雅，空间处理自由活泼且有动势，使人感到空间不仅是建筑的流通，而且在不断延伸、增长和变化。阿尔托热爱自然，他设计的建筑风格是尽量利用自然地形，融合优美景色，风格淳朴。

建筑师能使建筑商品在形成中更具人性化，作为用户个性化实现的桥梁，建筑师解决了投资的短期行为与建筑使用价值长效性之间的矛盾。

建筑设计师的作品应该成为满足市场变化和消费者个性化的商品，建筑设计师在设计建筑物时不仅要对建筑的环境、性能、质量进行考虑，还要为用户考虑。建筑师有多重任务，但最终目的是要创造出良好的人居环境。

建筑师应具备的基本素养可以概括为以下三个方面：

其一，高度的社会责任感

各行各业均有其崇高的目标，文以载道，医以济世，医生讲求"医德"，艺术家讲求"艺德"，人人皆"以仁为己任"，恪守自己的道德规范。建筑家也要有理想、有自己的道德情操。一个优秀建筑的产生要求建筑师不仅要有高超的专业水平，更要有强烈的社会责任感，要敢于为合理建筑呼吁。

建筑师的社会责任感体现在对社会问题的关心以及设计的尝试方面，是一种对社会进步的责任感和社会价值观的反映。作为一个建筑师则应该有敏锐的、超前的洞察力，应该有为人民服务的思想。建筑设计师要本着"以人为本"的创作理念，设计满足人民需求、契合环境、具有地方特色的建筑。

建筑是一门和社会需求紧密结合的艺术，必须结合具体的环境，考虑其功能性、经济性、技术性、可持续性和可实施性。设计师只有具有高度的社会责任感才能为城市的建设发展，创造出宜居的环保性社区、完善的居住设施、舒适的生活环境。建筑师如果只图盈利，武断地提出城市规划和建筑设计的思想，片面地追寻象征性的寓意或刻意地讨好领导的嗜好，那就是对社会的发展不负责任的表现，往往会带来功能的缺失和环境的破坏，造成城市人文环境的断层。

德国 GMP 设计事务所的负责人 Gerken 先生认为：社会和城市、建筑之间是一种对话的关系，建筑不是孤立的存在，建筑、城市都是以为人服务为目标的，通过良好的对话才能实现和谐社会的预期目标 [①]

当下中国的建筑界的一种风气是盲目地追求高大宏伟和"新、奇、特、异"。全世界 20 幢最高建筑，其中 11 幢在亚洲，而 11

---

① 朱莹《流动与固守的对话——RMJM、SOM、GMP 访谈录》，载《城市建筑》2007 年第 4 期，第 88 ~ 92 页。

幢中就有 9 幢在中国。这些过分高大的建筑，在其所处的环境中显得突兀而缺乏美感，但它们却能满足某些人对政绩和荣耀的追求。现今的建筑早已被异化了——高度比功能重要，名气比造价重要，形式比内容重要。

以德国城市建筑为例，建筑师通常不会设计张牙舞爪的地标建筑，也很少见到超大尺度的公共场所的设计。公共广场、蜿蜒的街道和新旧融合的建筑看似无意却有序地构成了城市特有的风貌。这是因为在德国建筑教育中，建筑与城市、建筑与环境、新老建筑之间的关系都是考虑问题的要点，在严格的建筑条例下形成了城市的有序和协调，会让建筑体现出一种基本的美和愉悦的效果。

其二，深厚的人文素养

《建筑十书》指明，建筑师要在品德修养上"气宇宏阔""温文有礼""昭有信用""淡泊无欲""熟悉各种历史""理解音乐""通晓法律学家的论述"，对医学"并非茫然无知""勤听哲学"等等。建筑师要有像前人诗句所说的"安得广厦千万间，大庇天下寒士俱欢颜"的广大胸怀，为人民的安居问题考虑。建筑师要有"哲学家的思维，历史家的渊博，科学家的严格，旅行家的阅历，宗教者的虔诚，诗人的情怀"。

建筑师自身人文素养的缺失，制造了建筑"怪兽"，也制造了建筑的轻率。现代主义的设计往往造成了城市建筑的千篇一律，置身于现代化都市中却感受不到其特色。在经济利益的驱动下，建筑师要做到在设计中保护历史文化的延承，彰显城市文化的特色，坚持城市发展的可持续性，是很困难的。建筑师应该勇于承担起文化传承的重担，遵循发展、保护、传承、利用相统一的原则，寻找到多模式、多方位的保护方法，达到动态中保护与发展相和谐的状态。

其三，和谐、可持续发展的理念

建筑师在进行设计时应该把可持续发展的观念贯彻到建筑的设计中，在审视城市和建筑环境及其发展过程的思考中，必须牢记着肩负的社会责任感。将生态理念引入建筑设计及城市规划中也是建筑师的社会责任感的要求。社会和经济发展的良性循环是建立在优化产业结构、经济与环境相协调的基础之上的。盲目地扩大投资规模、极度地追求经济增长，会造成生态环境的严重恶化，破坏社会发展的可持续性。提高质量和效益，不断调整和优化产业结构，以保护生态环境的良性循环为基础，这才是社会健康发展的标志。城市发展的健康模式应该是社会、经济、环境的统一体，其内涵必将随着社会和科技的发展而不断得到充实。

建筑师应该为市民创造良好的生活环境，同时，设计师也应该为如何合理利用土地资源，提高土地开发强度献计献策，帮助房地产商重新认识容积率、日照间距、绿化率等要素，担负起引导人们爱护环境、保护生态的责任。

（四）建筑企业的文化解读

文化是建筑的灵魂，是建筑行业发展的核心动力。文化渗透了建筑行业的方方面面，从建筑的规划、设计、建造到服务、管理、经营，从生活社区的物质设施、绿化、装饰到社区的生活氛围、文化氛围，随着人们的消费品位的提高，人们对建筑的要求也变得越来越高。不仅需要完善的住房设施，也需要具有人文关怀、审美情趣的建筑。近几十年中国房地产的竞争，已经从"卖房子"到"卖家"，再到"卖社区环境"，最终为"买文化和生活方式"的竞争历程。住宅本身已经由单纯宣传商品信息转变为借文化展现房产，文化对建筑产业的发展显得越来越重要。

在建筑中融入文化元素是建筑企业在房地产行业竞争中取得优势的法宝。文化是一种无形的资本，无形中塑造了建筑企业的品牌，提升了企业的价值、品位。文化融入建筑，赋予了住宅其他附加功能，使消费者获得更多的附加服务，如便利的生活、舒适的生活环境，给予了建筑更多的人性化和文化理念，提高了住宅商品的差异性，也能使建筑品质更加稳定，更加能够吸引消费者，建立对建筑企业的信赖。

建筑产业是我国经济发展的重要组成部分，关系到整个社会和整个国家的生活状况，建筑企业为成千上万的人提供了就业机会和经济来源，建筑企业的稳定发展是人民生活健康稳定的保障。地产商和建筑商在追求经济效益的同时，应该承担起更多的社会责任，给予更多的人文关怀，提供更多的就业机会，为人们建造幸福的居住环境。

企业的文化关系到企业的品牌和效益，是企业发展的决定力量，表现在方方面面，如企业员工的素质、产品的质量、服务的质量、企业的创新能力等。企业的文化也涉及企业的幸福，企业的文化还表现在对人的关怀，以人为本，注重企业员工的发展和利益，让员工与企业一同发展，只有让企业员工感到幸福，企业才会得到幸福和发展。

深圳万科倡导"企业视角、人文情怀"，"百年基业、丰盛人生"的企业文化，不仅是培养员工的精神指南，还是万科倾注在其房地产项目建设与经营的每个细节满足广大消费者需求的价值。业界认为，万科的成功很大程度上得益于它的物业管理。万科将其物业管理注入了丰富的文化内涵，让业主感到物业管理不仅是保安加保洁，而是一种公司与业主、人与人之间的尊重和沟通。在深圳景田片区，一条 10 米宽的马路对着两个住宅项目——万科城市花园与天健花园，这两个项目由同一家设计公司设计，属同一种风格，甚至天健的建筑质量比万科还要高一些，但万科就是比天健价格每平方米高出 1000 元。这个差异说明了企业的差距就是品牌的差距，也就是企业文化的差距。这种差距导致了楼价的差距。

建筑企业中的文化内容包含了很多方面，总的来说，有以下几个方面：

（1）精神文明。精神文明是企业文化构建的内在表现，包括企业的宗旨、企业精神、企业的价值标准、企业的道德等。精神文明是企业获得信誉和信赖的基础，房地产企业要注重精神文明的建设。房地产企业在追求经济利益的同时，也应该承担起社会责任，房地产企业应该注重企业精神文明的建设。无论各个建筑企业的宗旨和目标是什么，都应该严格地遵守国家法律法规，坚守道德标准，坚持诚信经营，注重人文关怀和环境保护，为人民建筑幸福的居住环境。

建筑企业的精神文化直接影响了企业员工的精神面貌和建筑商品的品牌。企业的精神文化影响了企业员工的素质、言行举止、价值观。企业的文化是一种凝聚力，能感染和激发企业的员工，使他们感受到工作的价值和意义，从而更加努力的工作。文化对塑造企业的品牌和信誉具有至关重要的作用，企业的诚信、道德、服务都受到企业文化的影响。

房地产人理应具备的价值观有四点：团队精神、诚信观念、敬业精神、创新意识。这些都是构成企业成功的关键。

在企业文化的构建中，企业家处于十分重要的位置，企业的主导价值观往往是企业家个人价值观的群体化。企业家是企业文化建设的指挥者和推动者，房地产企业的开发商应该具有以下素质：

一是事业至上。只有执着地追求事业的人，才能最终成就事业，才能实现作为企业家的社会价值。

二是国家至上。作为企业家，注重企业的经济效益，这是理所当然的，但是，当企业的利益与国家的利益发生矛盾而又必须在两者之间选择的时候，如何选择？作为一名优秀的企业家，在面临这种选择时应当把国家的利益放在首位，具有这种高境界价值观的企业家才会具有号召力和凝聚力。

三是信誉至上。信誉是企业的生命，是企业生存和发展之本，这对房地产企业来说，尤其重要。

四是以人为本，充分考虑人的感受，从人的实际需求来建造房屋。

房地产企业要为消费者创造良好的居住环境，这个环境包括社区环境、物业管理、配套设施、造型布局、企业设施等。美好的居住环境总是让人渴望的，陶渊明的《桃花源记》给人们展现了一幅理想的生活环境"忽逢桃花林，夹岸数百步，芳草鲜美，落英缤纷……山有良田美池，桑竹之属，阡陌交通，鸡犬相闻"。宋代苏轼有诗："青山在屋上，流水在屋下。中有五亩天，花竹秀而野。"中国自古就非常注重建筑与环境的和谐关系，崇尚自然，强调"天人合一"。

当今的消费者对居住环境的要求越来越高，住房环境是吸引消费者的一大因素。消费者在购房时，除了考虑房屋本身的设计、结构和质量外，周围的环境也是考虑的重点，建筑除了要满足人的居住需求外，还要满足人的文化需求。建筑企业要给予人更多的人文关怀，创造适宜人居住的环境，完善生活社区的设施如学校、医院、生活会所。房地产企业也要注重与自然环境的和谐关系，注重对环境的保护，坚持"天人合一"的建筑理念，建造健康的生活环境。

和谐的环境除了要人与建筑和谐之外，还要人与人的和谐。一个真正的现代社区绝不只是建筑元素的简单堆砌，而是一种文化氛围的营造与整合，是一种人文思想的凸显和文化品位的延伸。

买房的同时也是一个择邻的过程，整个小区的居民素质能决定一个小区文化品位与价值取向。不少人都说和谐的邻里关系，丰富的社区文化是他们选择楼盘的主要原因。

随着知识经济、信息经济的到来和经济全球化进程的加速，资金、技术、设备、信息、原料和人员的流动越来越容易和迅捷，在这种背景之下，企业的发展越来越依赖其管理人员与技术人员及全体员工的创造性、主动性来获得市场竞争优势。于是，人本主义管理的理念就必然成为企业经营管理的主流价值观。对于房地产企业而言，以人为本的经营管理观念应包含对内与对外两个方面：对内，要把企业的全体员工当作企业的主体，确立人在管理中的主导地位，把企业的一切管理活动围绕着调动员工自身的主动性、积极性和创造性上来。对外，要树立现代营销观念，要以顾客为中心。

（2）树立以市场为导向的经营哲学。在市场经济条件下，企业经营管理的出发点和归宿点植根于市场。因此，市场是企业一切经营管理活动的依据，也是企业经营哲学的核心。房地产市场是一个开放型的复杂系统，影响房地产市场的环境因素很多，导致了房地产市场的高风险性，房地产市场内部结构的复杂性，又导致了房地产市场需求的多样性和不平衡性。因此对房地产企业来说，树立以市场为导向的经营哲学，至少应从三个方面加以理解和实践。

一个成熟的房地产企业，应当既是生产经营的实体，又是科学研究的基地。房地产企业应与高等院校、科研机构和有关专家建立密切的关系，构建起一个形式多样的高水平参谋咨询队伍，以不断增强企业的科学决策能力。

在信息传递高度发达的今天，信息的掌握、分析和运用成为企业参与市场竞争的重要条件。房地产企业应当努力扩大信息源，建立信息库，为把握市场，科学决策提供依据。

以市场为导向的经营哲学的第三个方面，是房地产企业必须通过对市场及竞争对手的分析，依据企业自身的实力及经营策略，进行企业的市场定位。因为不同的市场定位所采取的竞争策略不同。

（3）建立完善的企业规章制度。企业制度是企业文化的重要组成部分，对企业组织和企业员工的行为产生规范性和约束性的影响，它集中地体现了企业文化的物质层面和精神层面对员工与企业组织行为的要求，规定了企业成员在共同的生产经营活动中应当遵循的行为准则。如果一个房地产企业没有较为完善的企业制度，那么成员的行为便没有准则，企业的领导层也将失去监督，企业就会成为一盘散沙，当然也将在市场竞争中遭到淘汰。因此，逐步建立起完善的企业制度是企业文化营造的重要环节。

就房地产企业而言，在建立企业规章制度体系时，大致可分为三个部分：

一是常规制度，也可以称之为程序化制度，这是一些带有普遍意义的工作制度和管理制度以及各种责任制度。这些制度对企业员工的行为起着基本的约束作用，是企业正常、合理、科学运转的基本保证。

二是个性制度或者称之为非程序化制度，如评议制度、表彰制度等等，这些制度可以反映一个企业的管理特点和文化特色。

三是企业风俗"这是企业长期相沿、约定俗成的一些惯例和做法"，如企业的一些约定俗成的娱乐活动、竞赛、奖励等等。形成起健康、活泼的企业风俗有利于企业的健康发展。

第二节　建筑的文化内蕴

一、建筑的地域文化

(一)建筑地域文化的内涵

建筑就像一面镜子，形象又具体地反映着时代的需求和变化。美国建筑师伊利尔·沙里宁说："让我看看你的城市，我就能说出这个城市居民在文化上追求的是什么。"这就是建筑设计的魅力，这就是地域文明的象征。

地域文化是指一个地域内文化的总和，是民族文化的重要组成部分。由于地域特征、历史状况等特殊性，形成了文化的地域特征，这些特征是动态的、发展的。地域文化的建筑反映了各地的人们在长期的发展过程中，所体现出来的价值观念、社会风俗、生活方式、社会行为等日常生活的各个层面。每个地区是通过建筑艺术来表现该地区人们的文化水准、民族风情、价值取向和对建筑审美的追求。

地域文化从整体上决定于一个地区人们的价值取向。而人们的精神除了受到生活水平、社会环境、社会事件等因素的影响外，其主要还受地域环境因素的影响。而影响地域环境的重要因素之一是这个地域的建筑。优秀的建筑可以代表一个地域的精神面貌，反映地域人群的特点及文化内涵、审美情趣以及价值取向等。它体现着地域的灵魂，也是一个地域综合竞争力的重要体现，也成为良好的地域精神与道德风尚的构成要素。

走进一座城市，从建筑上就可以看出当地的人们都在追求什么。放眼各国建筑形态，可以解读出其特有的文化内涵。如欧洲的城市中心多为广场、教堂，这说明欧洲人重视历史和信仰；美国的城市集中地大多是高层的摩天大楼，显示了美国人着重经济效益；再看我们中国，喜欢修筑庭院、园林，这说明中国的地域文化具有很强的内向性、封闭性。综上所述，大到国家，小到地区，建筑内涵在各自的领域都有着与众不同的特殊性。通过建筑，可以彰显地域文化的风采，同时也是对地域文化生动而形象的完美诠释。

不同地域的人，由于受到不同自然环境和不同政治、经济、心理等因素的影响，有着不同的地域性格、爱好、审美、文化。地域文化导致了不同地域人们的文化差异、审美情趣、思想性格等的差异，因此，建筑商就需要根据地域文化来设计楼房。

地方性建筑最基本的特征为：回应当地的地形、地貌和气候等自然条件；运用当地的地方性材料、能源和建筑技术；吸收包括当地建筑形式在内的建筑文化成就；有其他地域没有的特异性并且明显的经济性。

（二）全球化对地域文化的冲击和影响

一方水土养一方人。其实，一方水土也形成了一方建筑的特色。河网纵横、小桥流水的江南孕育了玲珑精致的临河小屋；气候干燥土层深厚的陕北催生了朴实憨厚的靠山窑洞；气候湿润的湘西见证了吊脚楼的诞生；广阔无际的草原上遍布小巧方便的蒙古包。

不同地域独具特色、各具风格的建筑构成了建筑世界的丰富多彩。但随着全球经济一体化的发展，在经济全球化的同时，文化全球化也愈演愈烈。文化全球化使得文化多样性逐步走向消失。

文化产业具有获得商业利益的目的，具有跨越文明界限和制度樊篱的特点。为了最大限度地获取商业利益，文化产业毫无疑问地走上了大规模生产的道路。从大规模的生产、标准化的设计到大批量的销售，都在减少产品的多样性与差异性。文化产业的全球化扩张，不可避免地挑战了本地的文化主权，本地的文化受到了这些强势文化的排挤和冲击，全球化使得文化变得单一。

全球一体化导致的全球文化趋同，反映在建筑上就是建筑的地域文化逐渐被全球文化所淹没，建筑的民族性被建筑的国际性所取代。相似的钢筋混凝土满足了不同地区的使用需求，建筑的地域性特征变得模糊不清。现代标准化的商业产品使建筑趋同，设计平庸，本土建筑文化出现历史断裂现象。千城一面，文化缺失，是当前中国建筑文化存在的突出问题。

（三）建筑地域文化问题

1. 传统建筑空间特色的丧失

在城市的发展、新旧更替过程中，城市建筑与城市空间的改造，变化是难免的也是必要的，但是，对能反映城市特色、在人们心目中形成认知感的建筑以及城市空间需要保护。在近年流行的建设商业步行街热潮、建设大广场的热潮以及建设宽马路的热潮中，我们失去了很多富有地方特色的建筑以及街道空间。

2. 建筑的盲目仿照

当今城市的规模快速扩大，人口膨胀，使城市面貌不断转换、雷同，并在风格上趋向一致，使人们无法对缺乏个性的建筑和城市之间的形态加以识别和记忆。

3. 当代中国的建筑创作主要表现为四种倾向

其一，模仿西方的建筑形式与风格。不顾当地的地域文化，把西方建筑当作现代化和国际化的标志，大肆地建造"欧陆风""国际式"的建筑，造成了建筑与环境的貌不合神又离的场景。

其二，模仿我国传统的古建筑。这种倾向多出现在一些旅游建筑的设计之中，常被称为"仿古建筑"。且不说某些拙劣的仿制品，连古典建筑的基本比例、尺度处理都不到位，即使惟妙惟肖也没有什么新意，更不要说什么时代气息了。

其三，将前两者简单相加或混合，例如在高楼大厦的顶部加琉璃亭子。

其四，建筑的高密度趋向。由于地价的不断攀升，房地产商为了盈利，增加容积率，使建筑往高处发展，建筑密不透风。

建筑高度和密度反映了城市用地的使用状况和建筑技术的发展。建筑的高密度在相应的经济、文化、交通环境下能使土地发挥最高的使用价值。随着科学技术的发展和城区地价的提高，建筑高密度化的趋向越来越明显，楼房越建越高，密度越建越大。仅从城市景观方面来讲，高层建筑和建筑群是形成城市天际线，地区认知标志的主要因素之一。在很多城市中高层建筑的盲目建设破坏了原有良好的建筑面貌和城市街道空间特色。

高层建筑的建设应与城市的整体高度规划相适应，应与所处地区的用地性质相适应，应与该用地周围的建筑环境相适应。

任何一个民族、地域的文化必须是开放的与世界交流，不断汲取营养而发展壮大；同时，又应发扬地域文化中的精髓，使地域特征更为明显。例如，我国的哈尔滨市，它包容了不同地域的文化与风情，通过对欧式建筑的保留与修复，对重点地带的建筑也做到尽量与周围环境一脉相承，形成了哈尔滨市自己独特的韵味，体现了哈尔滨人的博大胸襟，并展示了哈尔滨"博大"的城市精神和深厚的文化底蕴。

二、中国传统建筑文化

中国有着历史悠久和绚丽多姿的建筑文化，传统建筑是中国传统文化的具体体现。中华几千年的文明史孕育了灿烂的文化，构筑了精美的建筑体系。中国古代建造出了许多举世闻名的建筑，如雄伟壮观的万里长城、气势恢宏的秦始皇陵、金碧辉煌的故宫、伟岸肃穆的布达拉宫、美轮美奂的苏州园林、古朴宁静的丽江古城等。中国传统建筑文化蕴含着深刻的人文情怀和科学寓意，对当代中国的建筑发展具有深刻的指导意义和借鉴意义。我们在学习和借鉴西方的建筑知识的同时，更不能抛弃和遗忘中国的传统建筑文化。中国传统建筑文化是中国建筑的灵魂，只有抓住灵魂，才能建造出具有生命力和长久魅力的建筑物。

（一）中国传统建筑文化的特点

1. 结构形式

中国古代建筑以木材、砖瓦为主要建筑材料，以木架结构为主要的结构方式。木材占据了我国古代建筑体系中的主导作用，它在我国建筑体系中影响最大，成为世界建筑中最具特色的建筑体系。

立柱

横梁

木架结构以木、构、柱、梁为承重骨架，以木材或其他材料为围护物。实质上是将承重结构与围护结构分开的构架体系。此结构方式，由立柱、横梁、顺檩等主要构件建造而成，各个构件之

木架结构

间的结点以榫卯相吻合，构成富有弹性的框架。

木构架结构有很多优点，首先，承重与围护结构分工明确，屋顶重量由木构架来承担，外墙起遮挡阳光、隔热防寒的作用，内墙起分割室内空间的作用。由于墙壁不承重，这种结构赋予建筑物以极大的灵活性。其次，有利于防震、抗震，木构架结构类似于今天的框架结构。由于木材具有的特性，而构架的结构所用斗拱和榫卯又都有若干伸缩余地，因此在一定限度内可减少由地震对这种构架所引起的危害。"墙倒屋不塌"形象地表达了这种结构的特点。

除此之外，木架结构形式独特，灵活多变，使中国建筑更加优美，尤其以屋顶造型最为突出。主要有庑殿、歇山、悬山、硬山、攒尖、卷棚等形式。庑殿顶也好，歇山顶也好，都是大屋顶，显得稳重协调。屋顶中直线和曲线巧妙地组合，形成向上微翘的飞檐，不但扩大了采光面、有利于排泄雨水，而且增添了建筑物飞动轻快的美感。

木架结构的屋顶造型

2. 建筑布局简明有序

中国的古代建筑无论是宫廷、寺庙，还是住宅、园林，都是以群体组合的方式出现，形成一个建筑群。单幢建筑组合，围成院落。就单体建筑而言，以长方形平面最为普遍，此外，还有圆形、正方形、十字形等几何形状平面。就整体而言，重要建筑大都采用均衡对称的方式，以庭院为单元，沿着纵轴线与横轴线进行设计，借助于建筑群体的有机组合和烘托，使主体建筑显得格外宏伟壮丽。

院落的组成会根据不同的建筑、不同的地形，采用不同的处理手法，以达到不同的艺术效果。如院落之大小相差甚远，大的可以容纳上万人，如故宫内廷广场、午门，显得宽广、庄严；小的仅容数人，

故宫

亦如普通住户的天井，小巧、玲珑、幽静。中国古建筑布局简明有序，犹如一幅长画卷慢慢展开，正是所谓"庭院深深、天外有天、院外有院"。

3. 注重建筑与环境的协调

中国古代建筑非常注重建筑与环境的协调，在建筑创作中深受"天人合一"思想的影响。

"天人合一"是中国哲学的核心思想。"天人合一"的宇宙观对中国古代建筑文化影响十分深刻，是中国古代建筑的基石，它强调人与自然和谐相处，在建筑中表现为追求人和建筑形式、自然环境的和谐统一。

"天人合一"的建筑观对中国几千年的建筑产生了深远的影响。中国古代建筑的类型丰富多样，宫殿、园林、寺庙、祠堂、楼阁、宫府、馆榭、民居等虽然种类和功能各异，但始终都流露着"天人合一"的思想。古人在建造都市、构筑房屋时始终遵循自然规律，崇尚自然、亲近自然成为人们内心自觉的精神意识。

"天人合一"追求天时、地利、人和的融合境界。"天人合一"的思想在理念上把自然和人文社会融为一体，在建筑环境的创造上依托自然，这成为中国古代建筑的根本特征。根据自然地形来构筑建筑，通过对建筑与环境的改造来达到建筑与自然的相辅相成。

　　中国古建筑从形式、造型、格调、色彩搭配、高度变化等方面，总是从系统的总体审美效果上创造和谐统一之美，强调亲和自然之美，形成天人合一的理想境界。中国古建筑利用自然地势、依山傍水、借

悬空寺

景生色。如古代的庙宇，一般选在三面环山、一面空旷的环境中，既能避风，又能沐浴阳光。如北京的碧云寺、河南的白马寺、山西恒山的悬空寺、甘肃的敦煌莫高窟等。尤其值得称道的是恒山的悬空寺，背倚翠屏，上载危崖不在巅，下临深谷不在麓，依山做基，就岩造屋，虹桥飞库，构成艰险奇特之美。

　　长江黄鹤楼、洞庭湖的岳阳楼、古城丽江，这些建筑都是依山傍水，与自然相映成趣。在依山傍水的自然环境的中国建筑，"虽由人作，宛如天开"，自然与环境得到了很好的融合。

　　园林建筑是中国古代建筑"天人合一"的典型代表。园林最重要的造园原则是"源于自然、师法自然"，无论是水景、山石景，还是植物景都按自然的法则精心布局。古典园林的假山造景，并不是对名山大川的具体模仿，而是集中了天下名山胜景，加以自然界高度的概况和提炼，意在力求神似。园林建造要符合自然

黄鹤楼

丽江古城

界山水生成的客观规律，山景模仿自然的山脉，水景迂回曲折，表现出天然的韵味和雅趣。

中国园林的艺术特色在于：含蓄抒情，富于绘画美和韵律美。园林中的参差布局，虚实对比，组成园中有园，变化无穷，犹如一幅幅构图完美的立体画，堪称人间一绝。中国的园林创作，高度重视人和自然的亲和，使人触景生情，达到情景交融。这就是中国传统艺术所追求的最高艺术境界。

"天人合一"的宇宙观、人和自然的完美融合在中国园林中得到了淋漓尽致的展示。

苏州园林

4. "以人为本"的建筑理念

在西方，建筑不仅是遮蔽风雨的居住场所，而且是遮蔽灵魂的场所。人们从早期的崇拜高山大漠到崇拜各种自然神，建筑高大空旷并赋予神性，传统建筑中一开始就以建造各种神庙为主。而在中国，开始是崇拜祖先，后来是崇拜族长、君王、帝王等，而且在中国古代，神权从来都是依附、从属于皇权的。这就决定了中国历代建筑是人的居所，而非神的居所。即使是后来的宗教建筑也是这样。非神性是中国传统文化的基础，也是其核心之一。

中国古建筑注重从人的需求出发，建筑的结构形式、空间布置、城郭形式都是从人的审美心理出发，为人所能欣赏和理解，没有大起大落、怪异诡谲、不可理解的形象。古代建筑以人体尺度为出发点，不求高大永恒，建筑高度和空间都控制在适合人居住的尺度范围内。中国古典建筑体系一直坚持着有节制的人本主义建造原则。无论什么类型的建筑，都很少像西方教堂那样超尺度的东西。中国建筑的庞大，是通过小尺度单位的"院"不断有规律地衍生而产生的。不论建筑群多么庞大，人在其中活动，所感受到的永远是与人相亲和的尺度。

中国建筑讲究平和自然的美学原则，与西方偏于写实的建筑不同，中国建筑偏于抒情，重在意境的创造。中国人把对理想生活的向往寄托在建筑创作上，

在建筑中融入他们的情感和审美情趣，体现了深厚的人文气息。古建筑通常集群居住、休憩、游园、赏景于一体，造成一种所谓"诗意的栖居"。

5. 丰富多彩的修饰与装饰

中国古代建筑的装饰可谓丰富多彩、绚丽多姿，具有非凡的艺术成就。中国古代建筑对于装饰、修饰非常讲究，一切建筑部位或构件，都要美化，做到精致美丽。

中国古代建筑运用传统的绘画、雕刻、书法、色彩、图案、匾额等多种艺术形式，通过传统的象征、寓意和祈望等手法，将民族的哲理和审美意识结合起来，从而达到建筑形状和美感的协

调与统一。

建筑中彩画运用广泛，中国古建筑一向有"雕梁画栋"之说，屋顶、木柱、台阶均配以重色，色彩运用十分讲究。彩画就如一幅幅优美生动的画，讲述着一个个美丽的故事，琳琅满目，美不胜收。中国的雕刻艺术十分高超，有木雕、砖雕、石雕，雕刻的题材非常丰富，有人物、植物、动物等，雕刻的物件栩栩如生，使建筑与雕塑相得益彰。文字书法在建筑中常常起到画龙点睛的作用，使建筑升华出一种诗意的境界。中国建筑的厅堂多用匾联，横匾下为中堂和对联，两侧墙面还会置条幅，大门与厅堂之外也常用匾联和楹联。

中国古代建筑还常常用动物、植物、器物修饰建筑。如通常用凤、龙、鳞、狮的形象象征富贵、吉祥、权利。常用的植物有松、竹、梅、桃、菊、水仙、百合、山茶、芙蓉、海棠、桂花等。

第三节　建筑风水文化

建筑风水是中国建筑文化的重要组成部分，是我国人民几千年以来生活经验的积累和智慧的结晶，它蕴含着自然知识、人生哲理以及传统的美学、伦理观念等诸多方面的丰富内容。风水理论的宗旨是，勘查自然，顺应自然，有节制地利用和改造自然，选择和创造出适合人的身心健康及其行为需求的最佳建筑环境，使之达到阴阳之和、天人之和、身心之和的至善境界。风水对我国建筑的选址、规划、设计和经营起到指导作用，是中国建筑的一大显著特征。

"风水"一词最早来源于郭璞的《葬经》，他说"风水之法，得水为上，藏风次之。气乘风则散，界风则散，界水则止，使之聚而不散，行之有止，谓之风水"。

风水就是人类居住、生存、繁衍、发展的生态环境。它包括阳光、空气、水质、气候、土壤、食物、声音、色彩等各种天文、地理、物理、化学、生物等诸多自然科学的环境因素和社会科学的感官心理因素，并且认为这些因素时时刻刻影响着人体的身心健康。

中国风水以阴阳五行和《周易》原则为理论依据，寻求与人类生息相适应的最佳地。风水文化有科学的地方，但也有迷信的地方，凡是顺应天时，巧借地理，促进人和天地自然和谐的地方就是好的风水。人类历史上的所有工程活动都有风水文化的贡献。

研究中国几千年的风水文化，要批判性地继承，分析风水文化中的科学内涵和迷信成分，做到去其糟粕、取其精华。

一、建筑选址十大原则

（一）整体系统原则

风水理论把环境作为一个整体系统，这个系统以人为中心，包括天地万物。环境中的每一个整体系统都是相互联系、相互制约、相互依存、相互对立、相互转化的要素。风水学的功能就是要宏观地把握各子系统之间的关系，优化结构，寻求最佳组合。

（二）因地制宜原则

《周易·大壮卦》提出"适形而止"。中国地域辽阔，气候差异很大，土质也不一样，建筑形式亦不同。西北干旱少雨，人

因地制宜的建筑

们采取穴居和窑洞为主，西南潮湿多雨虫兽很多采取干栏式竹楼居住。中国现存许多建筑都是因地制宜的楷模。

（三）依山傍水原则

山体是大地的骨架，水域是万物生机的源泉，没有水，人就不能生存。考古发现的原始部落几乎都在河边台地，这与当时的狩猎和捕捞、采摘活动相适应。依山的形式有两类，一类是土包山，三面环山，凹中有旷，

依山傍水的建筑

南面敞开，房屋隐于万树丛中。另一种形式是"屋包山"及房屋覆盖着山坡，从山脚一直到山腰。

（四）观形察势原则

清代的《阳宅十书》指出："人之居处宜以大山河为主，其来脉气最大。"风水学重视山形地势，把小环境放入大环境考察。

风水学把连绵的山脉叫作龙脉。龙脉源于西北的昆仑山，向东延伸出三条：

（1）北龙：从阴山贺兰山入山西，起太原，到海而止。

（2）中龙：由岷山入关中，至泰山而入海。

（3）三龙：由云贵经湖南至福建止。

（五）地质检验原则

风水思想对地质很讲究，甚至是挑剔，认为地质决定人的体质。地质对人体的影响有以下四个方面：

（1）土壤含有的微量元素，在光合作用下放射到空气中直接影响人的体质。

（2）潮湿或发臭的地质，会导致关节炎、风湿性心脏病、

皮肤病等，潮湿的地方容易滋生细菌，是产生各种疾病的根源，不易建宅。

（3）地球磁场的影响。地球是一个被磁场包围的星球，强烈的磁场可以治病也可以伤人。

（4）有害波的影响。如果住宅地面以下有地下河流，或者双层交叉的河流，或者坑洞，或者有复杂的地质结构，都可能放射出长震波流，导致人体不适。

（六）水质分析原则

宋代皇妙应所著风水经典《博山篇》主张"寻龙认气，认气尝水，其色碧，气味甘，其气香，主上贵。气色白，其味清，其色温，主为贵。其色淡，其味辛其气烈，主下贵，若苦酸涩，若发馊，不足论"。风水学理论主张考察水的来龙去脉，辨析水质，掌握水的流量，优化水的环境。

（七）坐北朝南原则

中国处于地球北半球，欧亚大陆东部，大部分位于北回归线以北，一年四季光都从南方射入，朝南的房屋便于采取阳光。坐北朝南，不仅为了采光，还为了避风，中国的地势决定了其气候为季风型。概言之，顺应天道，得山川之灵气，受日月之精华，颐养身体，陶冶情操，地灵方出人杰。

（八）适中居住原则

风水学理论主张山脉、水流、朝向都要与穴地协调，房屋的大小也要协调，房大人少不吉，房小人多不吉，房小门大不吉，房大门小不吉。适中的原则还要求突出中心，布局整齐，附加设施紧紧围绕轴心，中轴线与地球的经线平行，向南北延伸。明清宫殿、帝陵、清代园林都是按照这个原则建造的。

（九）顺乘生气原则

风水理论认为，风是万物的本源。怎样辨别生气呢？明代蒋平阶在《水龙经》中指出，识别生气的关键是望水，"气者，水之母，水者，气之止。气行则水随，而水止则气止，子母同情，水气相逐"。

风水理论提倡在有气的地方修建城镇房屋，这叫作乘生气，只有得到生气的滋润，植物才会欣欣向荣，人类才会健康长寿。

（十）改造风水原则

人们认识世界的目的在于改造世界为自己服务。人们只有改造环境，才能创造优化的生存条件。

北京城中处处是改造风水的名胜，故宫的护城河是人工挖成的屏障，黑土堆砌成景山，威震玄武。北海是金代时蓄水成湖，积土为岛，以白塔为中心，寺庙依山势排列。

二、风水对环境的选择

中国古代建筑受风水影响最大的就是追求一个适宜的大地气场，即对人的生长发育最为有利的外环境。

（一）大环境的选择

所谓大环境，是指小区外部的周边环境，包括小区四周的山脉、建筑、河流、道路等。任何事物都不可能是独立存在的，都会与周围的环境相互影响、相互作用，建筑小区也不例外。小区内部风水的好坏，在很大程度上取决于外部环境的影响。外部环境好，符合风水的要求，小区内部的风水气场就好；外部环境不好，小区内部的风水肯定会受到不利的影响。

1. 符合"藏风聚气"的要求

符合"藏风聚气"的地形是以"左为青龙，右为白虎，前为朱雀，后为玄武"。也就是说，大环境的形势应该是：背面要有高山为靠，前面远处要有低伏的小山，左右两侧有护山环抱，明堂部分要地势宽敞，并且要有曲水环抱。当然，这是一种理想化的环境模式，在实际选择时，只要后方的地势或建筑比前方高，左方的地势或建筑比右方高，且明堂开阔，那这种环境便具备了"藏风聚气"

的条件。

但要留意一点,风势过大固然不妙,但倘若风势过缓,空气不大流通,那亦绝非所宜!最理想的居住环境,是有柔和的轻风徐徐吹来,清风送爽,这才符合风水之道。

2. 周边的河流及水的流向

风水讲"山环水抱""玉带环腰",大凡在河流的弯环处,必有好气场,在河流的环抱之处,一定有好风水。自古以来,人们在城市选址的时候,大都遵循这一原则,将大城市建在河的右岸,如重庆、常州、南京、无锡、苏州、上海等都是位于长江的右侧;兰州、西安、洛阳、郑州、济南等则是位于黄河的右侧。

3. 周边道路

因为道路的走向和位置会影响到小区的地形和气场,因此,对于小区外部的道路,也应引起特别的注意。再就是高架路和轻轨。因为高架路上高速行驶的车辆会形成强大的噪音和冲击气流,对小区的风水会产生较大的破坏作用,对居住者的身体和运气都会造成不利影响。

（1）街巷直冲

风水学是"喜回旋忌直冲",因为直冲的来势急剧,倘若居所首当其冲,则为患甚大,不可不慎!例如房屋的大门对正直冲而来的马路,那条马路愈长便凶险愈大,路愈多则祸患愈多,因此有人称之为"虎口屋",表示难以在其中安居。

（2）街道反弓

所谓街道"反弓",是指房屋前面的街道弯曲,而弯曲位直冲大门,风水学称之为"镰刀割腰",这样的房屋不宜选购,避之则吉.倘若门前街道反弓,往往发生人口伤亡及失火、顽疾等事。

（3）地势宜平

倘若房屋位于斜坡之上,不应选作居所,有家财散尽、家人离散的可能。地势宜平——倘若房屋位于斜坡之上，那么在选购时便要特别小心视察周围环境，因为从风水角度来看，地势平坦的房屋较为平稳，而斜坡则颇多凶险！

例如房屋的大门对正一条甚为倾斜的山坡，那便不应选作居所，因为不单家财泄露，而且还会家人离散，一去不回。

一般来说，斜坡上的房屋易漏财，而斜坡下的房屋则易损丁。

房屋位于急冲而下的斜坡底，因煞气太急太劲，往往会导致人口伤亡。

4. 忌天斩煞（窄管效应）

所谓"天斩煞"，是指两幢高楼之间的狭窄的空隙。由于两幢大楼犹如被天公用刀劈斩分开，故称为"天斩煞"。古人认为倘若房屋面对"天斩煞"，对居住者健康极为不利，"天斩煞"所在之处，空隙愈窄愈长便危害愈大，但若是在其背后有另一高于自己的建筑物则不妨。

"窄管效应"造成"天斩煞"。凡经高楼大厦之下，风力骤然猛增。大楼之间形成"天斩煞"的地方，风力更大。外国科学家将这种现象称为"窄管效应"。实验证明，在两座高层建筑物之间形成的"窄管效应"，可使3级风增大到8级风，如果是5级风，可使垃圾桶腾空而起。

5. 远离烟囱

烟囱不宜——风水学古籍"阳宅撮要"有云："烟囱对床主难产"，由此可知烟囱对健康有损！睡房窗外多烟囱，这些房屋便不宜选作栖身的安居之所了！撇开风水不谈，单从环境卫生来说，烟囱密集的地区均不宜居住，因为从烟囱喷出的煤烟火屑，便足以损害健康了！

（二）中环境的选择

所谓中环境，就是指小区内部的环境，包括小区的地形、地势、建筑布局以及山水景观的布置等。住宅与小区的内部环境联系最为密切，小区的内部环境对住宅风水的影响也最大，因此，选择住宅时应当把小区的内部环境作为重点考察的内容。

1. 地形地势

中国风水讲究天圆地方，建筑小区的地形应该以方正为好。地形方正，则八卦不缺，阴阳平衡，五行和合，小区内部的气场对居住者就会有利。而不规则的地形必然会导致某些部位的缺角，与之相对应的八卦就会出现缺陷，并造成阴阳失衡、五行失和，进而就会影响到居住者的健康和运气。

2. 建筑布局

建筑物的排列一般都是随着地形特点进行顺势布局，由于大部分的地形呈现不规则状，因此建筑物的排列大多不是一个朝向，建筑物的布局亦呈不规则排列。况且，即便是相对比较方正的地形，现在亦很难见到规则排列的楼房。由于受西方建筑文化的影响和人们求新求异心理的驱使，建筑布局越来越复杂，而整齐划一的布局则往往被看成是死板、没有创意。

事实上，楼宇排列工整并不等于死板。排列整齐的楼房，前后左右的布局相对平衡，阴阳和谐；而排列不工整的住宅，由于建筑物布置和空间分割的不对称，往往会造成住宅小区的阴阳失衡、五行失和，并进而带来风水上的弊端。况且，由于楼与楼之间的朝向大多不一致，这种设计会形成大量的屋角冲射，对业主造成不利。

不规则的建筑布局还有一个严重的缺陷，就是，容易形成一些不好的风水格局，比如，有的楼房的后面正好是楼与楼之间的夹缝，或者背后是两楼之间的道路，这种情况在别墅区比较常见。背后有路冲，或者正对楼缝是风水上的一大缺陷，对受冲房屋的居住者而言，危害很大，对健康、对后代都不利。选房时一定要避开这种情况。

3. 建筑物的形状与颜色

建筑物的形状亦是需要重点考察的内容之一，包括建筑本身的形状和周围能够看到的其他建筑的形状。

除了形状之外，建筑物的颜色也非常重要。现在的建筑与过去的相比，不但形状更有新意，外立面的颜色也更加丰富多彩。选择住宅时，应当考虑所选楼房与周围建筑颜色的对应关系，看看所选楼房的颜色与周围其他建筑的颜色是不是五行相和、相互协调。一般来说，如果周围建筑的颜色五行克制本楼的颜色五行则不利，相反，如果周围建筑的颜色五行生助本楼房的颜色，五行就有利。

4. 山石景观

俗话讲"山旺人丁，水旺财"，一般来说，有山的地方，特别是一些大型的山区，人丁兴旺，多出人才。比如，我们国家的许多将军和高层领导都是出生在山区。而在水资源丰富的地方，如江南水乡，则普遍比较富裕。现在很多住宅小区，出于美化环境的考虑，在景观的布置上会做一些人造假山，或竖一些石景。但应当注意的是，这些假山和石景与自然的"山"是有很大区别的。因为这些山都是一些石块的堆积，上面既没有土，也没有花草树木。因此人造的假山是很难起到"旺人丁"的效果的，相反，倒可能引来一些弊端，为什么呢？因为石头具有吸气的作用，特别是一些形状怪异的石头，阴气比较重，易于诱发疾病和其他不利事件的发生。如果在住宅的旁边有假山或形状怪异的石景，这样的住宅，我建议最好不要选择，除非这些假山和石景的形状特别好，而且正好占据一个合适的卦位。

5. 水 景

水在风水上讲，有界气、止气、蓄气的作用，也是风水催财的主要工具。一般来讲，房子四周的水有几种形式，一是朝水，即当面迎朝之水；二是环抱水；三是横水，即水从前面平行流过；四是斜流水；五就是反弓水。上述几种水，除了反弓水之外，其他几种水一般都被看作是好的。

现代小区

（一）小环境的选择

所谓小环境，主要是指住宅的内部结构，包括房型、门窗、客厅、卧室以及厨房和浴厕等。

房型

最理想的屋子形状，首推六比四的长方形住宅，尤其是以东西方呈长方形的最好。

缺角不利，往往会造成凶相。所谓的"缺角"，乃是建筑物的一边短缺大于三分之一，而呈凹入的部分。凹入的部分越大，运气越差。房型缺角同地形缺角对风水的影响的含义是一样的。此外，在具体选择时，应尽量避免不规则房型的出现。现在有很多住宅，有的房间会出现一个或多个斜边，这种房型，一是很难利用，容易造成空间的浪费，更重要的是会造成空间中气的流动不均衡，对风水不利，应当尽量避免。

窗户

窗户的设计并非越大越好，必须以屋内空气的对流为重点，也就是说窗户要对开。窗不宜太多：门窗太多会产生太强的气流，太强的气流对人身之气不利。窗户的设计可决定气的流通。窗户最好能完全打开：向外开或向内开。

客 厅

位置：客厅应设在住家的最前方。进人大门后首先应看见客厅，而卧房、厨房以及其他空间应设在房子后方。空间运用配置颠倒，误将客厅设置在后方，会造成退财格局，容易使财运走下坡。

客厅不可成为动线。客厅是聚集旺气的地方，应要求稳定，不应将客厅规划在动线内，使人走动过于频繁。客厅设在通道的动线中，容易使家人聚会或客人来访受到干扰。否则将影响住宅主人的事业和人际关系。

客厅不宜阴暗。客厅风水首重光线充足，所以阳台上尽量避免摆放太多浓密的盆栽，以免遮挡光线。明亮的客厅能带来家运旺盛，所以客厅壁面也不宜选择太暗的色调。

卧 室

卧室，是人生度过一生三分之一时光的场所，益气养神，均在于此。

卧房形状适合方正，不适宜斜边或是多角形状。斜边容易造成视线上的错觉，多角容易造成压迫，因而增加人的精神负担，长期下来容易罹患疾病及发生意外。

卧房里不可有横梁压床，以免造成压抑感，也有损于人的身心。

卧室的墙体、家具等不宜以圆形为主。风水上认为，圆形主"动"，卧室若以圆形为主，给人不稳定、不安宁的感觉，对心理环境的健康不利。

卧室远离玄关，越远越好。

三、风水文化在现代建筑中的运用

风水不仅对中国古代的建筑产生了深刻的影响，对现代建筑也具有影响力，许多现代建筑也应用了风水来建造。

香港汇丰银行从 1984 年起打造新的风水布局起，过去二十年的投资回报每年平均增长高达 19%。汇丰银行，从一间股权分散的地区性银行，于二十年内，

"天圆地方"的鸟巢和水立方

发展至成为一间规模媲美国家银行的世界五大银行集团之一。香港汇丰银行从中环汇丰银行总行的重建，门口狮子的移位，大厦的设计、建筑，银行的开幕日子，每个步骤都一丝不苟地按着风水师的要求而运作。

新加坡的建筑风水文化影响很深，最典型的要数"五指楼"和"榴莲馆"。"五指楼"由 4 座 45 层和一座 18 层的大楼环立，象征人的五指。中间一座有世界上最大的喷泉，象征财源滚滚之意。所有建筑物上的雨水都汇集起来做灌溉花草和洗车之用，既符合环保要求又象征"肥水不外流"之意。这一宏伟建筑物像一张巨大无比的手掌五指，有"一掌握乾坤"之势。

香港汇丰银行

新加坡的建筑风

5栋高楼手掌握着的正是"财富之泉"，象征财源滚滚之意。

　　"五指楼"的对面就是新加坡的商业中心，按风水学的说法，"五指楼"落成，寓意着要将对面商业中心的财富尽收掌底，于是引起众多不满，怎么办呢？经高人指点，在五指楼下建起了两座榴梿馆，任它一掌抓下来，抓它个鲜血淋漓。

新加坡"财富之泉"　　　　　　　榴梿馆

第四节　当代中国建筑的文化追求

一、当下建筑存在的问题——"四远""四近"

　　中国建筑学会副理事长兼秘书长徐宗威归纳出了中国建筑的"四远"和"四近"。

（一）"四远"

　　中国建筑与自然越来越远。中国城市从南到北几乎都在摊大饼，遇到土丘就推平，遇到池塘就填平，建筑密度越来越高，与自然的关系也越来越远。现在很多公共建筑都是封闭的，很难享受到自然的清风，很难享受到一缕阳光照射的感觉。

　　中国建筑与生活越来越远。生活是具体的、琐碎的，是亲切的。如今到处都是公寓楼，一栋有数百户人家，小区除了居住外几乎没有什么公共功能。公共空间很小，单停车问题就无法解决。

215

这些年一些城市开始搞所谓的城市综合体，将各项公共服务功能集聚一体，看似解决了问题，但离居住的距离过远，不能解决生活本身的问题。

中国建筑与民族越来越远。中国建筑是世界重要建筑体系之一，有着丰富的建筑形式和风格。但随着城市化进程的不断深入，在中国城乡所谓的澳洲风格、欧美风情、罗马柱头比比皆是。民族特色建筑越来越少，众多乡村的本土特色也遗失殆尽。

中国建筑与传统越来越远。中国文化中的儒释道思想，孕育出中国传统文化的精髓，是中国文化中宝贵的精神遗产，需要我们尊重、继承和发扬光大。中国人历来主张节俭，但今天建筑实践却离节俭越来越远。

（二）"四近"

中国建筑与官场越来越近。离官场近，意即在中国很多建筑活动变成了行政行为。建筑活动失去了社会多元主体参与的活力，涂上了更多的官方色彩，体现了更多的政府审美偏好。

中国建筑与逐利越来越近。在市场条件下，追逐市场、服务市场成了天经地义的事情，在利益与艺术之间，建筑师、工程师很多时候不得不选择利益，放弃或者降低艺术标准。

中国建筑与浮华越来越近。对建筑形式的追求超过了对建筑功能的追求，本末倒置，典型的例子随处可见。各地的大体量建筑越建越大，超高层建筑也越建越高，很多建筑不是出于功能的需要，而是为了标新立异、满足虚荣和浮华。

中国建筑与西化越来越近。在经济全球化和世界文化趋同的背景下，越来越多地出现所谓欧美风格的建筑。另外，还表现在对西方建筑师及西方机构评审和证书的盲目追逐。

当代中国建筑创作不仅要为一般意义上的正常人服务，还要关心残疾人的活动空间、关注女性活动空间、关注中老年人以及

80后、90后、00后的活动空间，更要关注处在社会底层的、其他弱势群体的生存空间。正是这些形形色色的建筑空间，共同构成了现实中极具活力的中国城市。建筑创作不仅要做好建筑设计，还要关注人的感受和体验，更要创造具有文化兼容性的街区及城市生活和工作空间。

二、文化地产

近年来，文化地产越来越受到人们的重视。随着房地产行业的发展逐步走向成熟，越来越多的项目无论在营销上，还是在建筑风格、售后服务上都引入了文化的概念，使楼盘具有了一种文化内涵和价值倾向，尤其是具有明显个性特征的主题文化楼盘的出现，更加使楼盘通过文化的培育，倡导了自己的生活模式和生活氛围。文化生活的倡导，使业主不仅购买到楼盘本身，而且也选择了一种生活方式，而这也造就了不同项目的差异性，成为竞争中凸显自己、争取眼球的重要因素。

文化地产是以文化软实力为核心竞争力的房地产开发模式，是用文化引领规划、建筑设计、园林景观、营销体系、物业服务的系统工程。文化地产是把"死建筑"变成"活建筑"的系统工程。房地产传统开发模式是以"建筑"为核心，文化和概念仅作为营销手段；而文化地产是以"文化和生活方式、居住理想"为核心，用文化提升固化建筑价值。文化是一种产品附加值极高的元素，如果能够在品质优秀的地产项目中注入独特的文化意境，进一步提高房地产项目的质量和生活品位，进而营造舒适、健康、和谐、智能的居住环境，那么所开发的项目也是最具保值增值潜力的。

地产渴望文化，文化也滋养着地产，文化与地产的"联姻"，将会带来双赢的局面：文化需要空间载体，房地产作为一个新兴产业正好给文化以很好的空间资源；而地产在文化的引导和推动下，可以更好地丰富项目的内涵，创新推广模式，使项目升值。

文化与地产的结合是房地产市场发展的必然需求。

从 20 世纪末到今天，地产界可谓风云变幻，但有一点是可以肯定的，发展文化地产势在必行。作为城市结构的重要元素之一，在新时代的今天，地产只有和文化结合，才能创造符合时代需求的产品。

传统的房地产开发模式是以"建筑"为核心，文化为营销的辅助手段。但伴随着国家对文化产业发展的支持以及客户对于居住、消费、办公等领域的精神满足的需求，都迫切要求地产开发将文化、居住理想、生活方式等放在更加重要的地位，并且充分将其固化于建筑之中，让人感受、与人互动，这是一个地产项目开发从硬实力的比拼向软实力比拼的转变之路。

地产界的文化至少包括三个层次和范围。营销手段的文化是最容易做到的文化，如给楼盘起个文化底蕴深厚的名字，可给业主带来不同的遐想；建筑的文化是最吸引眼球的文化，从立面的现代简约风格到中式古典风韵，从复式、跃式、联排、独栋的房型到欧陆风情、中式风情、美洲风情的园林等等都体现了开发商追求自然、追求品味的良苦用心；而人的文化才是最根本的文化，也是最不容易达成的文化，什么样的开发商吸引什么样的业主，什么样的业主促成什么样的开发商。"文化地产"不需要"挂羊头卖狗肉"的开发商，如果这些开发商侥幸进入这个领域，即使开发出来了文化地产的壳，也只不过成为烂尾楼，不会起到资源整合、实现价值最大化的作用。最终，因为不懂文化产业、不懂运营，而退出市场。

打造文化地产是一个需要经过长时间研究论证的过程，文化作为一种隐形的力量，很难在短时间内快速产生效益。从整个文化地产发展角度而言，时代和市场都需要真正有文化品位的建筑规划设计等房地产业相关从业群体，需要有文化品位的开发商和业主，也需要强有力的传播和引导。而文化地产要牵涉诸如歌舞、影视、戏剧、多媒体，甚至公共艺术的诸多领域，则需要更加充分的文化准备、心理准备和专业准备。

房地产对文化的把控十分微妙，只有从市场、消费者需求多方角度出发，重视细部，将其作为一种元素植于建筑之中，才能更好地丰富项目的内涵。同时，文化地产又不仅仅可由开发商单方面实现，还需要业主较高的文化素养，以形成对文化地产的认同。

真正的文化地产，并不单纯是在地产中注入文化元素，而需要用心发掘其可依托的文化内涵，需要深度的思考和论证。做文化地产，文化就应该是项目的主线，让文化成为地产项目的精神内涵和价值核心所在，而不仅仅是营销的亮点，项目定位、规划、营销、建筑风格等都应该围绕文化这一主题展开，而不是简单地为项目戴上文化、教育、地铁的"营销帽子"。一旦确定好以文化打造项目，项目的所有元素就需要围绕文化展开，这样的项目才能够成为真正的文化地产。

北京 798 是创建文化产业园的一个范例。

在北京的东北角，有一个以 20 世纪 50 年代建成的工厂命名的艺术区，这就是 798 艺术区。它位于北京朝阳区酒仙桥街道大山子地区，故又称大山子艺术区，原为原国营798 厂等电子工业的老厂

798 创业文化产业园

区所在地。此区域西起酒仙桥路，东至京包铁路，北起酒仙桥北路，南至将台路，面积 60 多万平方米。伴随着改革开放以及北京都

市文化定位和人民生活方式的转型、全球化浪潮的到来，798厂等这样的企业也面临着再定义、再发展的任务。

从2001年开始，来自北京周边和北京以外的艺术家开始集聚798厂，他们以艺术家独有的眼光发现了此处对从事艺术工作的独特优势。他们充分利用原有厂房的风格，稍作装修和修饰，一变而成为富有特色的艺术展示和创作空间。现今798已经引起了国内外媒体和大众的广泛关注，并已成为北京都市文化的新地标。

对于如何才能将文化和地产完美的结合，曾担任北京798艺术区总规划师的林天强认为，

废旧工厂变为篮球场

798创业文化产业园

"首先，要看有没有给予土地一个灵魂，项目有没有植入灵魂。其次，有没有风格性，每个人住者、参观者、访问者都超越了媒介和制作手法而找到感觉，正如谈恋爱超越各种外在条件找到感觉一样，文化地产有没有'文化'，有没有'观念'的关键是看

文化有没有跟项目谈上恋爱"。

对于文化地产与城市发展的关系，林天强说，"如今，随着国家的地产宏观调控政策以及人们精神文化的不断追求，已经使得地产开发者必须去研究每一个地域的人文历史、地脉、天脉、人脉，才能做出符合地脉、天脉、人脉的楼群、居所街区"。

三、建筑文化的传承与创新

城市的魅力来自对历史记忆的传承与创新，神州大地，泱泱中华，伴随着历史的发展、地域的改变、文明的进步，中国古建筑的韵律、形态、功能也随之展现出丰富的变化。从南方的干栏式建筑，到西北的窑洞建筑，以及北方的四合院建筑等等，灿烂的文化创造出数不胜数的宫殿、陵墓、庙宇、亭台、民宅……

建筑是凝固的音乐，是时代的标杆，今天的我们，在机械地模仿西方建筑、寻求国外设计机构在我们的土地上搭起一座座水泥森林的同时，是否有想过这个时代能留给未来一些什么？当今城市建设的高速发展带来了城市日新月异的变化，但与此同时我们也失去了许多永远无法复得的东西——历史文脉。比如历史长河中形成的街道、胡同、牌坊、宗教圣地等城市建筑，被成片成群地拆除，威胁到城市形态的相容性和延续性。尊重历史传统并不等于食古不化、拘泥于传统；相反，有意识地保留这些传统，将使得这个城市更富有地方特色。其实，"立新"不必"破旧"，关键在于如何以传统而又时尚的手法，创造出新旧共生的新的建筑形态。

（一）建筑的时代观

古人"天人合一"的哲学思想，强调尊重自然、顺应自然，与自然协调发展。建筑环境自然化，自然环境人文化，是中国传统建筑创造的永恒主题。这与当前人们所关心的环境生态、所强调的可持续发展也是息息相通的。所以，继承和发挥传统建筑文

化就要学习和研究中国传统文化和哲学思想，将其与当今时代和
社会相适应的精华发扬光大，以指导我们的创作和实践。

（二）古建筑的保护与创新

古建筑是一座城市
的记忆，是城市历史的
见证者，它承载着这座
城市的文化积淀。一旦
损毁，文物本体及其承
载的历史文化信息都将
不复存在。然而由于市
场经济及西方文化侵略，
许多生机勃勃又极富地

罗浮宫

方特色的街区被重复堆砌的钢筋水泥和千篇一律的花坛草坪所替
代，如今我们的城市正越来越丧失个性。梁思成、林徽因等名人
的故居被推土机推倒、大连 5000 年历史的郭家村遗址遭破坏性
开发、近千年的安徽释迦古寺旧址上如今站着一排排商品房……
毁古求利的开发工程日复一日，被遗忘的历史文化让人痛心疾首。

巴黎之所以建了那么多的像埃菲尔铁塔一般突兀的现代建筑
却并未失去法国风情，是因为巴黎保留了大量老建筑老房子作为
整个城市的基础，也即这些现代建筑是在这些老城区老建筑之间
点缀和修饰了一下，自然显得水乳交融，古今一体，其城市的底
色并没有因为新建筑而变化。相反，北京的城市规划却整个是本
末倒置，将那些现代建筑作为主要部分，将老建筑圈起来，以零
星的方式予以保护，从而失去了古都风貌的整体性和统一性。

为了提升古建筑的结构和功能水准，适应现代需求，不少古
建筑需要更新和增建。更新和增建的要领是旧瓶新酒，锦上添花。
巴黎罗浮宫新建玻璃金字塔是锦上添花的典型。工程由华裔建筑

222

师贝聿铭设计。当时，引起广泛的抨击，认为它"丑陋而恐怖"。1989 年，法国总统密特朗力排众议，批准兴建。玻璃金字塔建成第一年，罗浮宫游客增加一倍，批评的意见逐渐消沉。罗浮宫原本为上层社会少数人服务，游客容量有一定限度。如今，罗浮宫向世界开放，功能的转换要求结构调整。玻璃金字塔不但为游客提供舒适的大厅，可休闲，可小饮，而且本身成为游览的目标，与蒙娜丽莎画像和维纳斯雕塑共同构成罗浮宫三大亮点。贝聿铭感慨地说，当初设想解决"游客互相拥挤，感觉不舒适"的问题，"没有想到金字塔成了一个偶像"。

（三）建筑文化的创新

随着我国现代化程度的不断提高，快速增加的城市人口与其有限的人均资源占有量之间的矛盾也将日益突出。因此，当代建筑必须最大限度地追求建筑物的功能、外在形式、经济效益的最优化组合，而发展节能和绿色建筑是必然的方向。绿色建筑是对传统建筑价值观和技术工艺的创新与发展，它使得建筑在生产制造、规划设计、施工建造、运营维护等理念和方法上产生了质的变革，从而推动和引领了整个建筑业技术系统的创新与发展。以节地、节能、节水、节材和生态环保为一体的绿色建筑基础性和共性关键技术与设备的研究开发将极大地促进现代建筑技术自身的创新与发展。与绿色建筑形态相适应的可持续性结构设计理论就是一种新的研究方向，以保温节能、减轻建筑物自重、构件模块化、循环再生材料利用、生态性新型建筑部件使用、利于快速清洁施工、已有建筑物的加固改造等为目的的新型结构体系等，也都是当今建筑技术创新的重点。

在建筑的继承与创新上，我们不能刻意地仿造古代建筑的形式与特征，更不能一味地抄袭古代作品，而理应深入探讨古人对意识形态、伦理的认识，站在历史的深处来诠释古代建筑所反映的深层次意义，去其糟粕、取其精华，把古代建筑的精华运用到当代建筑理念中。在继承的基础上，从内在思想到外部技术，深入研究与创新当代建筑理应反映的内容，这才是未来建筑所富有的时代特征。只有通过对比与借鉴，才能完成传承与创新的历史使命，帮助我们更加努力地为当代建筑文化的发展做出自己的贡献。

·后　记

　　《建筑幸福学》是继我已出版的幸福系列书籍：《幸福营造》《学会选择、学会放弃》《女人幸福学》《女人幸福锦囊》之后的第五本著作。

　　写作的动因一是始于房地产热，建筑成了社会的热门话题，而随着房地产泡沫的出现，冷静地对建筑进行反思应该是一个重要的课题。城市应该怎样建设和发展，什么样的地产才能真正使消费者感受到幸福，建筑及房地产行业怎样以诚信的姿态树立道德的样板。许多问题促使我下决心研究这一课题。

　　二是我作为中国杰出广告人和中国十大传媒策划专家接触到许多建筑及地产企业。尤其是在为浙江城建建设集团做企业文化建设的大约一年的时间内，深入地接触了他们不同层面的领导人和员工，对建筑行业有了较深的了解。中国企业家思想研究会会长李留存女士，本身也是房地产商，我的第一本幸福研究的著作，便是在她的鼓励和支持下完成的。

　　这本著作即将付梓的时候，浙江城建建设集团董事长林韵强先生欣然为我的书作序，令我十分感动。他是知名的企业家和建筑行业的领军人物，他的项目做到阿尔及利亚等国家。书中的观点得到他的肯定，许多思考实际上也来自他的企业的实践。

建筑幸福的研究。应该说是一个全新的课题，是一个对社会十分重要的课题。因为房地产已经成为每一个中国人的心结，从国家层面，房地产对拉动国民经济的飙升起着重要的作用；从社会层面，安居才能乐业，所以每个人都把拥有自己的房屋作为奋斗的目标；作为消费者，购买了房子，不希望在居住中出现问题和麻烦。而这一切都取决于房地产开发商和建筑商，他们的价值观及价值观指导下的行为。因此，林韵强先生、李留存女士希望在他们的企业当中实践"建筑幸福学"的理论，他们对于建筑质量的把控，对于房屋交付以后，物业服务质量的要求，对于社区如何建成幸福社区的设想，都对本书的写作起了指导作用。在本书出版之际，特别感谢林韵强、李留存两位董事长的信任。

本书是一项较大的工程。商明国、刘敏、陈燕妮、陈根莲、刘琼等博士、硕士参与了研究及部分写作工作。特对他们表示衷心的感谢。正因为有他们的协助，才完成了这一开创性的工作。云南人民出版社海惠主任和刘焰编辑在编校及审查中都付出了巨大的努力，给予了重要的帮助。书中许多图片来自网络公开的资料，无法查证出处和摄影者，在此也一并表示感谢。